Christoph Seiler

Feigen aus dem eigenen Garten

30 selbstfruchtende und leckere Sorten

Ulmer

Das steckt in diesem Buch

Vorwort

Bisher gab es im deutschsprachigen Raum noch kein Buch, das sich ausschließlich mit der Kultur von Fruchtfeigen oder Echten Feigen (*Ficus carica*) beschäftigte. Ob dies als große Lücke im Regal der botanischen Nachschlagwerke anzusehen ist, kann natürlich diskutiert werden, da der Feigenanbau nur in besonders warmen Regionen Deutschlands, Österreichs und der Schweiz eine jahrhundertelange Tradition hat.

Bereits in der Barockzeit, also einer Epoche, die ohnehin von großem Kulturaustausch innerhalb der europäischen Länder geprägt war, bemühte man sich, geeignete Feigensorten für die nördlichen Regionen Europas zu finden und die erfolgreichsten unter ihnen mit klar definierten Namen zu versehen. Ein Großteil der in diesem Buch vorgestellten Sorten ist wohl der gärtnerischen Pionierarbeit aus dieser Zeit zu verdanken. Weitere bekannte, aber auch weniger bekannte Varietäten aus dem Mittelmeerraum und den USA sowie einige Wildarten aus Westasien und Indien können durchaus bei uns wachsen. Es macht wirklich Freude, die wahrscheinlich älteste Kulturpflanze der Menschheit gedeihen zu sehen. Und reife Feigen aus dem eigenen Garten sind eine wahre Köstlichkeit – dafür lohnt es sich zu experimentieren!

Christoph Seiler

Geschichte und Botanik

Feigen sind faszinierende Pflanzen. Das zeigt sich aber erst, wenn man ihre Kulturgeschichte verfolgt und sich näher mit Systematik und Biologie befasst. Sie werden staunen, was für ein Wunderwerk der Natur in diesen Gewächsen steckt!

Auf den Spuren der Feige

In früheren Zeiten waren Feigen von großer Bedeutung in verschiedenen warmen Regionen der Welt, und auch im nördlichen Europa wurden viele Versuche unternommen, robustere Sorten zu züchten. Es lohnt sich, einen Blick auf ihre Wanderung durch die Zeitepochen und durch die Anbauregionen zu werfen.

Die älteste Kulturpflanze

Die Fruchtfeige oder Echte Feige (*Ficus carica*) ist sehr wahrscheinlich die älteste domestizierte Nutzpflanze überhaupt. In einem etwa 11 400 Jahre alten Haus unweit von Jericho entdeckte man bei Ausgrabungen etliche versteinerte Feigenfrüchte. Anhand dieser Früchte fanden 2006 israelische Archäobotaniker heraus, dass die Jungsteinzeitmenschen schon damals seltene **parthenokarpe** Feigenbäume gezielt über Stecklinge vermehrt haben. Die ersten Obstbauern der Welt begannen also quasi „nebenbei" Feigensorten für Regionen außerhalb ihres natürlichen Verbreitungsgebietes zu züchten. Denn derartige Mutationen weiblicher Feigenbäume bilden auch dann Früchte aus, wenn der natürliche Bestäuber, eine spezielle **Gallwespe**, fehlt. Bis heute werden in Mitteleuropa mangels dieser Wespe nur die selbstfruchtenden Sorten kultiviert, allerdings mit dem Nachteil, dass die Samen dieser Pflanzen ohne Keim sind, die Pflanzen lassen sich also nicht generativ weitervermehren.

Herkunft und Verbreitungsgeschichte

Ihren Ursprung hat die Echte Feige (*Ficus carica* L.) in Kleinasien, Persien und Pakistan bis nach Indien, wo die Art mancherorts zusammen mit ihren tropischen Verwandten anzutreffen ist. Ihre Verbreitung durch den Menschen im gesamten Mittelmeerraum erfolgte bereits vor über zwei Jahrtausenden mit dem Beginn eines regen Handels zwischen Europa und dem Orient.

Wie lange man Feigen schon in **Mitteleuropa** kennt, ist nicht genau feststellbar. Laut Auszügen aus antiken Kochbüchern waren sie Teil des abwechslungsreichen Speiseplanes römischer Besatzer, die ab dem zweiten Jahrhundert v. Chr. erste Teile Germaniens eroberten. Zu ihrem gehobenen Lebensstil gehörte auch das Mitbringen gewohnter Gaumenfreuden wie

Dort wo Feigenbäume von Gallwespen bestäubt werden, verbreiten sie sich generativ und kommen daher häufig „wild“ vor, wie hier in der französischen Provence.

Früchte ohne Befruchtung

Parthenokarpie (Jungfernfrüchtigkeit) bedeutet, dass Pflanzen ihre Früchte ohne vorherige Bestäubung und Befruchtung ausbilden. Für den Anbau der Feigenbäume in Mitteleuropa als Fruchtfeigen ist diese Eigenschaft enorm wichtig, denn der natürliche Bestäuber kommt bei uns nicht vor und daher können die ursprünglichen (nicht-parthenokarpen) Bäume bei uns keine Früchte bilden.

Feigen. Da die Römer damals Weinreben und viele Obstsorten nach Mitteleuropa mitbrachten, sind erste Versuche mit der Kultur von Feigenbäumen in dieser Zeit sehr wahrscheinlich. Frühe konkrete Überlieferungen eines nachhaltigen Feigenanbaus **nördlich der Alpen** stammen aus dem Hochmittelalter (siehe Kasten).

Im 17. und 18. Jahrhundert waren in Europa exotische Schlossgärten mit Orangerien wichtiger Bestandteil des barocken Lebensstils, wodurch auch die Kultur unterschiedlichster Feigensorten einen regelrechten Boom erlangte. In dieser Zeit begann man wohl auch, zahlreiche Feigensorten bezüglich ihrer Eignung für das hiesige Klima zu prüfen und genauer zu

In dem 1744 von Friedrich II. künstlich angelegten Weinhügel des Potsdamer Schlosses Sanssouci werden neben Weinreben bis heute Feigen kultiviert.

beschreiben. Im Schlossgarten von Versailles wurde unter Ludwig dem XIV. viel Pionierarbeit zur Feigennomenklatur geleistet. Der französische Botaniker Jean Merlet widmete in seinem 1667 erschienenen Buch *L'abregé des bons fruits* (Auszug der guten Früchte) immerhin sieben Seiten den Fruchtfeigen. Darin lobt er sie einleitend mit den Worten: „Der Feigenbaum ist der weiseste aller Bäume, er beginnt erst dann zu wachsen, wenn die letzten Spätfröste vorüber sind. Seine Frucht ist eine der köstlichsten überhaupt."

Friedrich der Große ließ 1744 am Südhang des Schlosses Sanssouci bei Potsdam Weinterrassen anlegen, in deren Stufenmauern über 150 Feigen-

Hinweise auf Feigenanbau (12. bis 16. Jahrhundert)

- *In Hildegard von Bingens Physika wird die Kultur von Feigenbäumen, vornehmlich zu medizinischen Zwecken, um das Jahr 1150 beschrieben.*
- *Zu Beginn des 13. Jahrhunderts wird der „vigenboum" in Wolfram von Eschenbachs Parzifal als Teil des Baumbestandes der Burggärten (wahrscheinlich bei Kirchzell) erwähnt.*
- *Im 16. Jahrhundert bestätigt der Arzt und Botaniker Hieronymus Bock, dass man weiße und schwarze Feigen an etlichen warmen Orten im „teutschen Lande" findet.*

bäume in verglasten Nischen wuchsen. Diese Kultur wird dort übrigens bis heute gepflegt.

In der Rheinisch-Westfälischen Zeitung konnte man 1917 lesen, dass an den sonnigen Abhängen der Haardt nicht nur Wein und Edel-Kastanien gedeihen, sondern auch Feigen zur Vollreife gelangen. Man könne diese Region in klimatischer Hinsicht daher das „deutsche Italien“ bezeichnen.

„Auswanderung“ in die USA

Mit den ersten europäischen Auswanderern gelangte der Feigenbaum bereits ab Mitte des 16. Jahrhunderts in die Neue Welt, zunächst nach Mexiko, später in alle wärmeren Gebiete der heutigen USA, wo man besonders in Kalifornien ab dem 20. Jahrhundert mit dem kommerziellen Anbau im größeren Stil begann.

Heute, zu Beginn des 21. Jahrhunderts, erfreuen sich Feigenbäume und deren schmackhafte Früchte einer zunehmenden Beliebtheit in Nord- und Mitteleuropa. Dabei spielen sicherlich viele Faktoren wie Klimawandel, Globalisierung aber auch gesundheitsbewusste Ernährung eine Rolle.

Weltweite wirtschaftliche Bedeutung

Die Türkei führt nach wie vor mit über 30 % der weltweiten Feigenproduktion die Liste der zehn größten Feigenanbauländer an. Dort werden jährlich etwa 270 000–280 000 t Frischfeigen geerntet, überwiegend von kleinen bis mittelständischen Bauernfamilien mit Beständen von jeweils wenigen hundert bis selten mehr als tausend Feigenbäumen pro Familie. Gefolgt wird die Türkei von Ägypten mit etwa 170 000 t. Die Feigenproduktion im Iran, Marokko und Algerien schwankt jeweils zwischen 50 000 und 10 000 t. In den USA werden um die 40 000 t und in Brasilien immerhin 30 000 t Feigen pro Jahr geerntet. Die süd- und westeuropäischen Länder wie Spanien, Griechenland, Italien und Frankreich machen zusammen etwa 15 % der weltweiten Feigenproduktion aus.

Deutschland, Österreich und die Schweiz wurden bisher in noch keiner Statistik erwähnt, da der vergleichsweise geringe Ertrag in diesen Ländern kaum von wirtschaftlicher Bedeutung ist. In Rheinland-Pfalz etwa, dem größten deutschen Feigenanbaugebiet, werden in guten Jahren von den geschätzten 80 000 Bäumen, die sich überwiegend in Privatgärten befinden, immerhin bis zu 50 t Feigen geerntet.

Ordnung, Familie, Gattung und Art

Fruchtfeigen oder Echte Feigen (*Ficus carica* L.) gehören zur Gattung *Ficus*, welche mit etwa 2000 Arten innerhalb der Familie der Maulbeergewächse (Moraceae) einen großen Teil ausmachen. Die ältesten Funde der Gattung *Ficus* stammen aus der Kreidezeit und sind etwa 70 Millionen Jahre alt.

Ficus erecta Thunb. var. *beecheyana*, die Japanische Feige, ist eine in Europa nur sehr selten kultivierte, bedingt winterharte Art aus Taiwan.

Feigenarten kommen als immer- oder sommergrüne Bäume, Sträucher oder kletternde und sogar kriechende Pflanzen vor. Sie sind Teil der Ordnung Rosenartige (Rosales), einer Gruppe von Bedecktsamigen Pflanzen.

In unseren Breiten kennt man die meisten Arten aus der Gattung *Ficus* nur als Zimmerpflanze, da sie überwiegend auf subtropisches bis tropisches Klima angewiesen sind. Bekanntestes Beispiel ist wohl die Birken-Feige (*Ficus benjamina*), der Gummibaum (*Ficus elastica*) und die Esels- oder Maulbeer-Feige (*Ficus sycomorus*). Weiter werden im Handel häufig die Lorbeer-, Chinesische oder Ginseng-Feige (*Ficus microcarpa*), die australische Rost-Feige (*Ficus rubiginosa*) oder die Bambusblättrige Feige (*Ficus longifolia*) zur Indoor-Kultur angeboten. Weniger als Zimmerpflanze geeignet, aber dennoch sehr bekannt ist die Buddha- oder Pappel-Feige (*Ficus religiosa*). Der in seiner indischen Heimat bis zu 30 m hoch werdende Baum gilt als sehr anfällig gegenüber Parasiten und wird in Mitteleuropa vornehmlich in den Warmhäusern botanischer Gärten kultiviert.

Lediglich die Echte Feige (*Ficus carica*), die Punjab-Feige (*Ficus palmata*), seltener einige kleinere Feigenarten, wie die Japanische Feige (*Ficus erecta* Thunb. var. *beecheyana*) oder die Kriechende Feige (*Ficus tikoua*), können im **Freiland der gemäßigten Regionen** Mitteleuropas kultiviert werden. Während Feigen in den tropischen und subtropischen Regionen der Welt zumeist fortwährend wachsen, unterliegen diese in unseren Breiten einer Winterruhe.

Chaotische Nomenklatur bei Fruchtfeigen

In der Botanik gilt heute bei der Vergabe von Pflanzennamen der Internationale Code der Botanischen Nomenklatur (ICBN). Das bereits 1757 von Linné entwickelte System der binären Nomenklatur (Gattungsname groß und nachfolgendes Art-Epithet klein geschrieben) ist zwar nach heutigem wissenschaftlichen Standpunkt nicht mehr ganz aktuell, aber dennoch genial einfach

Herkunft des wissenschaftlichen Namens

Ficus ist der lateinische Name für die Feige, das Artepithet carica bedeutet „aus Karien", bezugnehmend auf eine antike Landschaft Kleinasiens.

Papaya und Feige

Leider hat die Vorgehensweise von Linné ausgerechnet bei der Echten Feige (*Ficus carica*) und dem Melonenbaum (*Carica papaya*) durch die doppelte Vergabe eines gleich lautenden Namens immer wieder für Verwirrungen gesorgt, obwohl er beim Melonenbaum die Gattung und bei der Fruchtfeige die Art bezeichnet. Die Ähnlichkeit der Papayablätter mit denen von Fruchtfeigen macht die vermeintliche Verwandtschaftsbeziehung schließlich perfekt. Die beiden Pflanzen stammen aber aus völlig unterschiedlichen Pflanzenfamilien und haben ihren Ursprung in weit auseinanderliegenden Floralgebieten, sind also keineswegs verwandt miteinander.

Doppelt beschriebene Sorten

Da viele Feigensorten mehrere Generationen essbarer Früchte je Vegetationsperiode bilden, sich die Blühfeigen im Frühsommer von den Herbstfeigen des selben Baumes aber in Größe und Gewicht, Form, Farbe und Geschmack sehr unterscheiden können, sind Doppelbeschreibungen solcher Sorten keine Seltenheit. Ähnlich wie beim verwandten Maulbeerbaum können zudem die Feigenblätter eines Baumes sehr variabel sein. Manche sind sehr stark gelappt, andere gänzlich ungelappt. Der Versuch, solche Feigensorten anhand eines einzigen Blattes und einer reifen Frucht nach altherkömmlichen Methoden, also nach äußeren Merkmalen, eindeutig zu bestimmen, scheitert daher oft kläglich. Hinzu kommt erschwerend, dass gelegentlich einzelne reife Früchte außerhalb der gewohnten Reifezeit an einem Feigenbaum hängen, die optisch und geschmacklich mit der klar definierten Sorte nichts zu tun haben.

Ein noch viel größeres Problem innerhalb der Art *Ficus carica* stellt die zum Teil sehr willkürliche Vergabe neuer Namen bei den Kulturformen dar. Es ist zwar verständlich, dass die wahrscheinlich älteste Kulturpflanze der Menschheit in einer Sortenvielfalt vorkommt, wie sie bei kaum einer anderen Nutzpflanze zu finden ist, dass diese inzwischen über 2000 unterschiedliche Cultivare umfassen soll, ist allerdings sehr unwahrscheinlich. Nach derzeitigem Stand sind es tatsächlich „nur" etwa 700 Feigensorten. Wie es dennoch zu einer dreimal größeren Namensliste kommen konnte, ist bei näherer Betrachtung aber durchaus erklärbar. Den größten Anteil der Synonyme für ein und dieselbe Sorte machen wohl die Regionalbezeichnungen in den unterschiedlichsten Sprachen aus. Die bereits Mitte des 17. Jahrhunderts beschriebene, italienische Sorte 'Brogiotto Nero' ist beispielsweise in Frankreich auch unter den Namen 'Violette de Solliès', 'Parisienne' oder 'Bourjassotte Noire' bekannt, während sie in Spanien als 'Negro Largo' bezeichnet wird. So kommt es vor, dass über ein Dutzend unterschiedliche Namen, sehr oft Städtenamen, ein und dieselbe Sorte bezeichnen.

Die DNA bringt Ordnung

In den letzten Jahren nahmen sich mehrere wissenschaftliche Arbeiten der Verwandtschaftsbeziehungen hunderter Feigensorten bzw. einiger Feigenarten aus Verbreitungsgebieten der ganzen Welt an. Man bediente sich hierbei der molekulargenetischen Analyse der DNA und konnte nicht nur sehr ähnliche DNA-Sequenzen miteinander vergleichen, sondern auch immer wieder vermeintlich unterschiedliche Sorten als identisch entlarven.

Diese Methode der Feigensortenbestimmung kommt für den Hobbygärtner natürlich kaum infrage. Kostspielige DNA-Untersuchungen werden ohne wissenschaftlichen Hintergrund in den allermeisten Fällen nur dann vorgenommen, wenn es um die eindeutige Feststellung einer neuen Sorte und einen daraus resultierenden Sortenschutz mit kommerziellem Hintergrund geht.

'Brown Turkey' ist eine weltweit sehr beliebte Sorte. Vermutlich gibt es deswegen kaum eine Sorte mit mehr Synonymen.

Wer nach ganz bestimmten Feigensorten für die Kultur im eigenen Garten sucht, sollte vorzugsweise beim Gärtner des Vertrauens kaufen. Dort gibt es zumeist viel mehr Informationen zur tatsächlichen Herkunft der Pflanzen, als bei der oft mit Fantasienamen versehenen „Baumarktfeige", die nicht grundsätzlich schlechter sein muss, ein gezielter Sortenkauf ist hier aber oftmals nicht möglich. Der Idealfall ist natürlich, wenn man sich die Mutterbäume bestimmter Feigensorten vor Ort anschauen kann oder andere Referenzen zu diesen geboten bekommt.

Feigen in Mythologie, Religion und Kunst

Geht man davon aus, dass Feigenbäume die ältesten Kulturpflanzen überhaupt sind und somit den sesshaft gewordenen Menschen seit über 10 000 Jahren als sichere Nahrungsquelle begleiten, so ist deren häufiger Einbezug in viele altweltliche Religionen und Mythen wenig verwunderlich.

Antike, Bibel und Buddhismus

Bereits in der römischen Antike soll der Weidenkorb, in dem die beiden Säuglinge Romulus und Remus auf dem Tiber ausgesetzt wurden, an einem Feigenbaum hängen geblieben sein, bevor die rettende Wölfin zur Ersatzmutter wurde. Glaubt man dem griechischen Schriftsteller *Plutarchus*, so waren die Athener derart überzeugt von ihren schmackhaften Feigenfrüchten, dass deren Export vor etwa 2000 Jahren als Tabu galt.

Die erste erwähnte Pflanze des Alten Testamentes überhaupt ist abermals der Feigenbaum und spielt nebst über 30 Textstellen in der Bibel bei Adam und Eva seine größte Rolle als Baum der Erkenntnis. Die verbotene Frucht soll eine Feige und kein Apfel gewesen sein. Wahrscheinlich sorgte ein Übersetzungsfehler vom Hebräischen ins Lateinische für diese frühe Verwechslung, zumal sich das erstmals der vollkommenen Nacktheit bewusste „Urpaar“ seine Blöße mit Feigenblättern bedeckte.

Auch im Buddhismus wird der „Bodhibaum“, wie der in Südostasien weit verbreitete Feigenbaum (*Ficus religiosa*) dort genannt wird, als Baum der Erkenntnis eingesetzt. Buddha soll unter einem solchen seine vollkommene Erleuchtung erlangt haben.

Feigen in der Kunst

Von der Antike bis heute wurde der Feigenfrucht eine besondere Symbolik der Sinnlichkeit und vor allem der Weiblichkeit zugesprochen. Die besondere Blütenökologie der Scheinfrucht mit ihren inneren Blütenständen regte Künstler und Poeten zu Vergleichen an, besonders mit dem weiblichen, seltener mit dem männlichen Geschlecht. Da die Feige auch als Symbol des Zusammenlebens gesehen wurde, verewigte man sie, zusammen mit anderen Früchten und Blumen, immer wieder in den zum Barockstil gehörenden Stillleben europäischer Maler des 17. und 18. Jahrhunderts. Solche Bilder waren beliebte Hochzeitsgeschenke und sind daher noch heute in vielen Museen oder Privatsammlungen zu bestaunen.

Spezielle Symbolik

Die Feige besaß von jeher eine Symbolik für Sinnlichkeit und Sexualität. Im europäischen Sprachgebrauch erfuhr die Feige im Zuge der Tabuisierung der Sexualität aber eine starke Abwertung. Der Feigling ist ein ängstlicher, Gefahren meidender Mann. Als „Feigheit des Fleisches" wurde der ungezügelte Sexualtrieb bezeichnet. Wer in Italien mit dem Ausdruck „Mano Fico" begrüßt wird und eine geballte Faust mit dem Daumen zwischen Zeige- und Mittelfinger hingestreckt bekommt, kann sich einer obszönen Geste sicher sein. In Österreich werden Prostituierte als Frauen bezeichnet, die „mit der Feign' hausieren". Das ständig seine weiblichen Bekanntschaften wechselnde männliche Gegenstück ist in Wien der „Feigentandler".

Der Steinkopf einer Buddhastatue im thailändischen Ayutthaya ist von einer Würge-Feige (*Ficus religiosa*) eingewachsen.

Blütenökologie und Feigengallwespe

Carl von Wülcknitz schreibt 1623 im Buch der „Fruchtbringenden Gesellschaft“ über die Fruchtfeige: „Ein Feigenbaum bringt uns die Frucht reif, ohne zu blühen“. Tatsächlich sieht es so aus, als ob Feigen keine Blüten hätten.

Wo sind die Blüten?

Wer Feigenbäume besitzt oder öfter an welchen vorbeikommt, wird bestätigen können, dass er noch niemals Blüten an diesen entdeckt hat. Jedenfalls keine im herkömmlichen Sinne, wie man sie in unseren Breiten etwa bei Apfel- oder Kirschbäumen kennt. In Wirklichkeit gibt es bei der Echten Feige (*Ficus carica*) aber sogar drei Blütenstandsgenerationen pro Jahr.

Erstaunlicherweise ist es der Feigen-Fruchtstand selbst, in dessen Innerem der Blütenstand mit den Blüten verborgen liegt. Diese birnenförmigen Scheinfrüchte nennt man Syconium. Nur eine winzige Öffnung am unteren Ende der Feige, das Ostiolum, stellt die einzige Möglichkeit für etwaige Bestäuber überhaupt dar, an die Blüten im Inneren zu gelangen. Für Bienen und Hummeln ist diese Öffnung offensichtlich viel zu klein. Diese fühlen sich mangels Blütenblättern vom Feigenbaum ohnehin nicht zum Sammeln von Pollen angeregt. Hierzu kommt nur ein einziges Insekt infrage, das sich schon vor Millionen von Jahren auf die Bestäubung der Fruchtfeige spezialisiert hat: Die kaum mehr als 2 mm große Feigengallwespe (*Blastophaga psenes*).

Drei Blütentypen bei Feigen

Männliche Blüten:
kurzgriffelig, fertil (fruchtbar)

Weibliche Blüten:
1. kurzgriffelig, steril (unfruchtbar), werden auch Gallenblüten genannt
2. langgriffelig, fertil (fruchtbar)

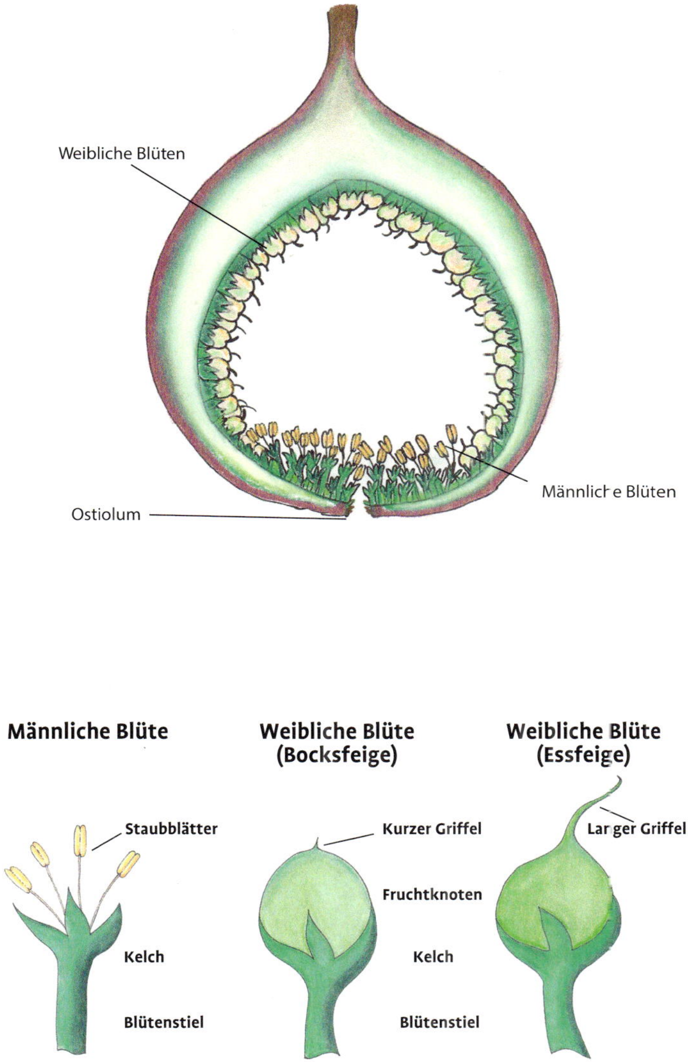

Innerer Blütenstand einer Feige (Syconium).

Ein komplizierter Zyklus

Das geflügelte Wespenweibchen wird durch Duftstoffe eines „männlichen" Blütenstandes, **Profichi**, angelockt, welcher männliche Blüten und kurzgriffelige weibliche Blüten besitzt (1). Das Insekt zwängt sich durch das enge Ostiolum der Scheinfrucht ins Feigeninnere und legt mehrere hundert Eier in die Samenanlagen der kurzgriffeligen Blüten ab. Danach stirbt es. Durch die Eiablage verwandeln sich die Fruchtknoten in Gallen. Jetzt entwickeln sich die Larven in den Gallen, verpuppen sich und nach einigen Wochen schlüpfen zunächst die Männchen (2). Diese sind ungeflügelt und besitzen kräftige Mundwerkzeuge. Sie durchbohren nun die Gallenwände derjenigen Gallen, in denen sich die Gallwespen-Weibchen befinden, und begatten sie. Danach sterben die Männchen. Nach dem Schlüpfen streben die Weibchen zum Ostiolum, der einzigen winzigen Öffnung nach draußen. Auf dem Weg dorthin streifen sie die gerade rechtzeitig gereiften Staubblätter männlicher Blüten. Mit Pollen beladen fliegen sie nun – abermals durch Duftstoffe angelockt – zu den weiblichen Blütenständen, den **Fichi**, welche nur langgriffelige weibliche (fruchtbare) Blüten besitzen, und bestäuben diese (3). Aufgrund des langen Griffels können die Gallwespen hier jedoch keine Eier ablegen. Aus den befruchteten Blüten können sich also ungestört keimfähige Samen bilden. Die Weibchen jedoch müssen, um ihre Eier abzulegen, eine **dritte Generation** von Feigenfruchtstand anfliegen, die sogenannten

Die Feigengallwespe *Blastophaga psenes* spielt in der mitteleuropäischen Feigenkultur keine Rolle.

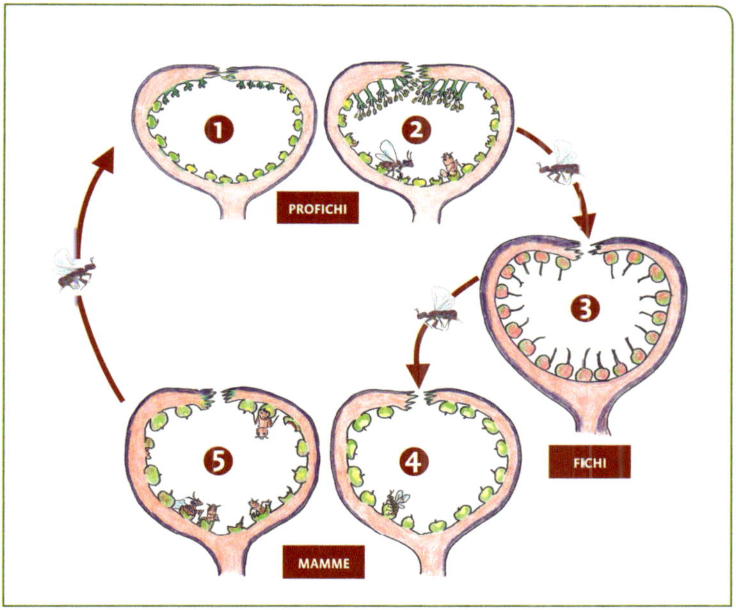

Die symbiotische Beziehung zwischen Feigenbaum und Feigengallwespe.

Mamme, die sterile, kurzgriffelige weibliche Blüten (Gallenblüten) tragen (4). Im Frühjahr schlüpfen aus diesen wieder beide Geschlechter (5). Nach der Begattung durch die Männchen in der Mamme schwärmen die Weibchen zu den Samenanlagen des neuen männlichen Blütenstandes (Profichi) aus, um erneut Eier zu legen. Der Zyklus beginnt von vorn.

Früchte ohne Bestäuber

Die hochkomplexe, symbiotische Beziehung zwischen Feigenbaum und Feigengallwespe entspricht den Wildformen der Echten Feige (*Ficus carica*) und funktioniert außerhalb des natürlichen Verbreitungsgebietes nur dort, wo die Winter überwiegend frostfrei sind, sodass die dritte Generation der Feigen (Mamme) und die darin befindlichen Gallwespen überleben. Zudem müssen die spezialisierten Feigengallwespen überhaupt erst einmal dort vorkommen, also eingeschleppt worden sein. In wärmeren Regionen der USA, etwa Kalifornien, ist dies der Fall. In Mitteleuropa sind diese Voraussetzungen nicht gegeben. Der am nördlichsten gelegene nachgewiesene Fund von Feigengallwespen war bisher im französischen Lyon. Solche Funde sind aber eher die Ausnahme. Tatsächlich können Feigengallwespen in

Europa fast nur entlang des Mittelmeeres überdauern. Daher ist man in allen anderen Regionen, wo Feigenbäume, jedoch nicht ihre Bestäuber überleben können, auf domestizierte, parthenokarpe (selbstfruchtende) Mutationen angewiesen, um essbare Früchte ernten zu können. Keimfähige Samen werden diese Früchte bei der Echten Feige (*Ficus carica*) ohne Bestäubung jedoch nie bilden.

Ein auf links gestülptes Syconium einer weiblichen Feige, zu erkennen an den langgriffeligen Blüten mit den Fruchtknoten.

Die begehrte Frucht

Streng genommen sind Feigen keine Früchte, sondern ein Fruchtverband aus vielen kleinen Steinfrüchten, die in deren Inneren verborgen liegen. Diese spezielle Variante einer Scheinfrucht wird auch Syconium genannt. Je nach Erntezeit und Erntehäufigkeit unterteilt man die Feigensorten in einmal oder zweimal je Saison tragende: **Unifera** oder **Bifera**. Die erste, im Frühsommer reifende, zumeist weniger zahlreich vorkommende, aber umso größere Scheinfrucht wird **Blühfeige** oder „Breva" genannt. Die von September bis November reifenden Scheinfrüchte sind die **Herbstfeigen**. Diese sind in aller Regel sehr viel zahlreicher, aber auch kleiner als die Blühfeigen.

Nicht essbare, männliche Bocksfeige.

Varietäten der Fruchtfeige

Feigenfrüchte kann man nur von bestimmten Bäumen ernten, andere Bäume bilden keine oder unreif abfallende Früchte aus. Daher wurde eine Einteilung in verschiedene Typen von Bäumen vorgenommen. Für eine erfolgreiche Ernte von Früchten müssen Sie also den richtigen Feigenbaumtyp auswählen.

Die Unterscheidung in „männliche" und „weibliche" Bäume bei Fruchtfeigen sollte nicht mit männlichen und weiblichen Exemplaren bei diözischen (zweihäusigen) Pflanzen verwechselt werden. Bei zweihäusigen Bäumen gibt es auf männlichen Bäumen nur männliche Blüten und auf weiblichen nur weibliche Blüten. Feigen sind aber keine diözischen Pflanzen. Maßgebliches Unterscheidungsmerkmal zur Bestimmung des „Geschlechtes" bei Feigenbäumen ist, ob der Blütenstand kurz- oder langriffelige weibliche Blüten enthält.

- Bei den Bäumen, deren Blüten- bzw. Fruchtstände **männliche** Blüten und kurzgriffelige weibliche Blüten (Gallenblüten) enthalten, handelt es sich um die männlichen Feigenbäume (*Ficus carica* var. *caprificus*), auch Bocks-, Capri-, Holz- oder Ziegenfeigen genannt. Ihre Früchte sind ungenießbar.
- **Weibliche** Feigenbäume (*Ficus carica* var. *domestica*) haben nur langgriffelige weibliche Blüten (keine männlichen Blüten und keine kurzgriffeligen weiblichen Gallenblüten). Man nennt sie Hausfeigen, wenn sie zweimal je Saison tragen (Bifera), und Herbstfeigen, wenn sie nur einmal tragen (Unifera).

Weibliche Feigenbäume mit langgriffeligen Blüten sind nochmals in drei Typen wie folgt unterteilt:

- **Smyrna-Typ**: Feigenbaumsorten dieses Typs bilden nur essbare Früchte, wenn sie durch die Feigengallwespe (*Blastophaga psenes*) befruchtet werden, sie sind also nicht-parthenokarp. Im professionellen Feigenanbau werden, um einen möglichst hohen Fruchtertrag zu erlangen, Zweige männlicher Caprifeigen (= Bocksfeigen) zeitig in die Plantagen gehängt, aus deren Früchten mit Pollen beladene Feigengallwespen schlüpfen. Diese Methode nennt man Kaprifikation. Hauptanbaugebiet des für uns ungeeigneten Feigentyps ist die Türkei (Smyrna = alte Bezeichnung für die Stadt Izmir) sowie Kalifornien. Dort werden überwiegend die bekannten Calimyrnafeigen kultiviert.
- **San-Pedro-Typ**: Am einjährigen Holz werden bereits sehr früh im Sommer (Mai bis Juli) zumeist sehr große, aber nicht allzu zahlreiche Feigen (Brebas, Brevas) durch Parthenokarpie gebildet. Deren Geschmack wird oft als besonders aromatisch beschrieben. Die zweite Fruchtfolge im Herbst müsste jedoch von Feigengallwespen befruchtet werden und fällt nördlich der Alpen deshalb unreif vom Baum. Nach strengen Wintern kommt es manchmal erschwerend vor, dass bei Feigenbäumen ein Großteil des einjährigen Holzes zurückfriert. Als Folge sind bei Bäumen des Typs San Pedro die essbaren Feigen einer ganzen Saison verloren.
- **Hausfeige (Bifera, Bifére, common fig)**: Dieser weibliche Feigentyp bildet auch in Mitteleuropa zum einen im Frühsommer die Blühfeigen und zum anderen im Herbst parthenokarpe (selbstfruchtende), essbare Früchte aus. Sogar in kühleren Regionen kann bei Feigen dieses Typs praktisch in jedem Jahr mit reifen Früchten gerechnet werden. In den wärmsten Regionen Mitteleuropas sind zwei Ernten je Saison keine Seltenheit, die mögliche dritte Ernte ist jedoch auch hier eher eine Ausnahme. Auch nach strengen Wintern mit Verlust des einjährigen Holzes bildet sich in der Regel wenigstens eine Generation essbarer Herbstfeigen am neuen Holz.

Pflanzung und Pflege

Mit der geeigneten Sorte, dem richtigen Standort, einer guten Bodenbeschaffenheit sowie nachhaltiger Pflege gelingt die Kultur von Feigenbäumen auch unter mitteleuropäischen Verhältnissen. Welche Punkte Sie unter hiesigen Bedingungen unbedingt beachten sollten, wird hier ausführlich beschrieben.

Sortenwahl

Die Suche nach der richtigen Feigenpflanze für den Garten gestaltet sich für den Hobbygärtner mangels ausreichender Informationen oftmals schwer. Nicht nur viele der unzähligen *Ficus-carica*-Cultivare kommen infrage, sondern auch einige Wildfeigen-Arten.

Wildfeigen

Wie bereits ausführlich beschrieben wurde, macht die Kultur nicht-selbstfruchtender Sorten von *Ficus carica* oder bestimmter Wildfeigenarten mit dem Ziel, reife Feigen ernten zu können, in Mitteleuropa wenig Sinn. Einige verdienen es dennoch, etwa wegen ihrer bizarren Blätter oder dem exotischen Gesamterscheinungsbild, einen gebührenden Platz im Garten zu bekommen.

Die sehr kompakt wachsende Feigenart *Ficus afghanistanica*, die in den Hochlagen Afghanistans, Teilen Westpakistans, dem Iran und Irak weit verbreitet ist, fand in den letzten Jahren nicht nur ihren Weg in die Sammlungen botanischer Gärten. Das bizarre, bei einigen Pflanzen blaugrüne Laub, verleiht dieser Wildfeige ein sehr exotisches Aussehen. Man findet sie im Handel häufig unter Fantasienamen und leider auch mit falschen Versprechungen bezüglich des Fruchtertrages und der Winterhärte.

Sehr interessant sind diesbezüglich diverse Varietäten der in Indien, Pakistan und sogar dem Kaukasus vorkommenden Punjab-Feige (*Ficus palmata*). Sie hat je nach Herkunft kaum gelappte bis völlig ungelappte, leicht filzige Blätter. In einigen Regionen, wo *F. carica* und *F. palmata* aufeinandertreffen, soll es sogar Naturhybriden beider Arten geben. Interessanterweise werden bei manchen weiblichen Pflanzen von *F. palmata* nicht nur die Herbstfeigen in unseren Breiten reif, ihre darin befindlichen Samen sind zudem trotz Parthenokarpie (Jungfernfrüchtigkeit) keimfähig – im Gegensatz zu den bei uns reifenden Früchten Echter Feigen (*Ficus carica*). Somit sind Punjab-Feigen die derzeit einzigen bekannten Vertreter ihrer Gattung, die im gemäßigten Klima nördlich der Alpen das Potenzial besitzen, sich ohne Hilfe des Menschen zu verbreiten, etwa durch Vögel, die sich von den reifen Früchten ausgepflanzter Bäume ernähren.

Cultivare der Echten Feige

Es wird im Handel inzwischen eine fast unüberschaubare Auswahl selbstfruchtender Sorten der Echten Feige (*Ficus carica*) angeboten, die in Europa inzwischen auch außerhalb der Mittelmeerländer eine immer größer werdende Beliebtheit erlangen. So gibt es Sorten mit gelben, grünen, roten, braunen violetten oder gar zweifarbig gestreiften Früchten. Einige bekommen nur im Frühsommer reife Früchte (Blühfeigen), andere nur im Herbst (Herbstfeigen). Beide werden als Unifera bezeichnet, da sie nur einmal tragen. Eine weitere Variante, die Hausfeigen (Bifera- oder Bifére-Feigen) sorgen sogar zweimal je Saison für eine reichliche Ernte.

Einige Sorten wachsen sehr rasch zu stattlichen Bäumen heran, andere bleiben eher klein und sind daher besonders beliebt für die Kultur in kleineren Gärten oder im Kübel auf Balkon und Terrasse. Den Ernteertrag betreffend gibt es Sorten, die nur sehr wenige kleine aber dafür sehr aromatische Gourmetfeigen produzieren. Die größten Früchte einiger Varietäten können aber auch bis zu einem halben Pfund schwer sein. Immerhin etwa ein Dutzend Feigensorten wird in Mitteleuropa nachweislich schon seit der Renaissance, mal mehr mal weniger erfolgreich, im Freiland kultiviert. Hunderte weitere Sorten (Tendenz steigend) sind dank der Globalisierung und des World Wide Web innerhalb Europas erhältlich. Viele von ihnen gedeihen aber wegen ihrer geringen Frosttoleranz nur als Kübelpflanze bei fast frostfreier Überwinterung.

Für welche Feigensorte(n) sich der Hobbygärtner letztendlich entscheidet, hängt von vielen Faktoren wie Platzangebot, Klima und nicht zuletzt dem persönlichen Geschmack ab. Im Kapitel „Die besten Sorten“ (siehe Seite 57) wird eine Auswahl der beliebtesten, altbewährten Cultivare vorgestellt, aber auch einige Raritäten, die erst seit wenigen Jahren in Mitteleuropa zu bekommen sind.

Eine im Juli geerntete Blühfeige der Sorte 'Madeleine des deux Saisons' mit rekordverdächtigen 249 g Gewicht.

Kultur im Freiland

Natürlich funktioniert es nicht überall in Mitteleuropa gleich gut, einen Feigenbaum im Freiland zu kultivieren. Die bekannten Weinbaugebiete, wintermilde Regionen entlang der großen Flüsse, aber auch das Stadtklima in sonst eher kühlen Gegenden bieten gute Voraussetzungen dafür.

Der beste Standort

In den gemäßigten Zonen haben folgende zwei Kriterien den Vorrang: maximale Sonnenausbeute im Sommer und minimale Kälteeinwirkung im Winter. Das Auspflanzen eines Feigenbaumes in allzu exponierter Lage, also etwa mitten auf dem freien Feld, ist in unserem Klima eine sehr riskante Sache und führt auch in den wintermildesten Regionen entlang der großen Flüsse und einiger Nebenflüsse für gewöhnlich alle 5 bis 10 Jahre zu Winterschäden. Jahrzehntealte Feigenbäume mit stattlichen Ausmaßen findet man in unserem Klima daher fast ausschließlich an Standorten im innerörtlichen Bereich. Dort stehen die schönsten Exemplare auf der Süd- oder Westseite von höheren Mauern, in Hauswandnähe, in Innenhöfen oder neben dicht gepflanzten Gruppen immergrüner Gehölze. In wenigen Fällen überdauern die robustesten Feigenbaumsorten außerhalb geschlossener Ortschaften auch langfristig an Weinhängen in Südlage, also dort, wo vor allem zu viel Feuchtigkeit oder Kaltluft im Winter schnell abfließen kann.

Generell gilt bei uns folgender Grundsatz: Je mehr Sonne und Wärme, desto besser! Damit es regelmäßig zu essbaren Feigen kommt und das neue Holz bis zum Herbst gut ausgereift ist, sollte der Standort also möglichst nach Süden ausgerichtet sein. Wärmespeichernde und windabweisende Mauern wirken dabei sehr unterstützend. Bei größer werdenden Feigensorten ist natürlich ein gewisser Sicherheitsabstand zu Gebäuden empfehlenswert und ein regelmäßiger Formschnitt unvermeidbar. Ältere Fundamente sollten vor dem Pflanzen gegebenenfalls mit einer Wurzelsperre versehen werden. Besonders dann, wenn Feigenbäume ähnlich wie Reben als Spalier an Hauswänden gezogen werden, sollte man kleiner bleibende Sorten bevorzugen. Beim Pflanzen mehrerer Bäume sind auch dann mindestens 2 m Pflanzabstand einzuhalten.

Die größten Feigenbäume findet man in Mitteleuropa zumeist an schützenden Hauswänden oder Mauern.

Freistehende Feigenbäume sollten im Radius von 5 m keine größeren Nahrungskonkurrenten haben.

Bodenbeschaffenheit und Pflanzung

Grundsätzlich sind Feigenbäume bezüglich der Bodenbeschaffenheit ziemlich anspruchslos. Sie gedeihen auch auf relativ nährstoffarmen Böden. Ein schwach saures Substrat mit einem pH-Wert von 6 wird toleriert, besser sind jedoch Werte zwischen 7 und 8.

Achten Sie unbedingt darauf, dass überschüssige Feuchtigkeit zu jeder Jahreszeit gut abfließen kann. Während Sandböden diesbezüglich keine Probleme machen, sollten Sie bei Lehm-, Ton- und Schluffböden für eine geeignete Dränage sorgen. Dazu sollten Sie das Pflanzloch mindestens ein Drittel breiter und gut 30 cm tiefer ausheben, als für den Wurzelballen im Volumen eigentlich nötig wären. Jetzt wird zunächst ein etwa 15–20 cm dickes Bett aus grobem Kies eingefüllt. Darauf kommt dann eine gut 5 cm hohe Schicht mit etwas feinerem Kies. Schließlich kann der Feigenbaum mittig in das Pflanzloch eingesetzt werden. Dabei sollte der Wurzelballen

Besonders dort, wo die Winter oft nasskalt ausfallen, sollten Feigenbäume nur an Standorte mit ausreichend dräniertem Boden gepflanzt werden.

Auspflanzen eines Feigenbaumes

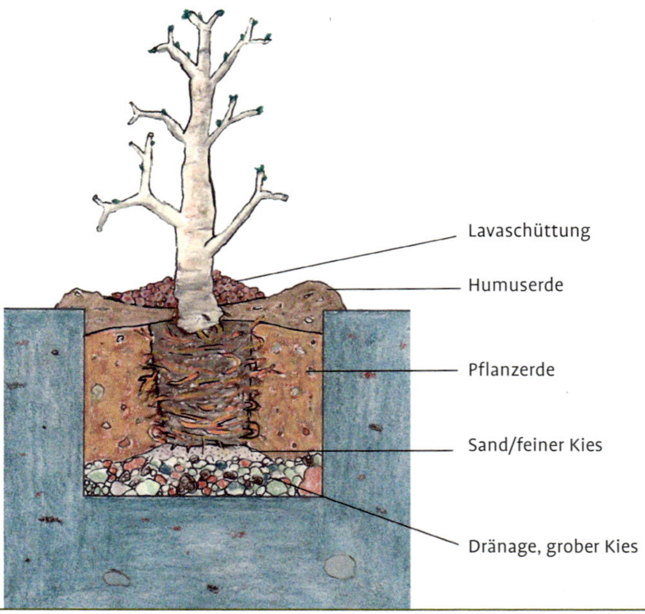

etwas tiefer als das Erdniveau liegen. Das Pflanzloch füllen Sie dann bis zur Oberkante des Wurzelballens mit einem lockeren Pflanzerdegemisch aus einem Drittel organischen und zwei Dritteln mineralischen Bestandteilen auf. Jetzt können Sie als Nährstoffdepot noch etwas Humuserde und abschließend eine wärmespeichernde Lavaschüttung auftragen. Besonders im ersten Jahr muss regelmäßig gewässert werden. Zusätzliches Düngen sollten Sie jedoch zunächst vermeiden, damit sich die Wurzeln „auf die Suche machen" und schnell ein kräftiges Wurzelwerk ausbilden.

Eine Fruchtfeige sollte wenigstens 2 Jahre, besser jedoch 3 bis 4 Jahre alt sein und einen Stammdurchmesser von mindestens 4–5 cm haben, bevor man sie in Mitteleuropa auspflanzt.

Pflanzzeit

Für die meisten unserer beliebtesten heimischen Gehölze wie Apfel, Birne, Kirsche oder Zwetschge empfiehlt die Fachliteratur das Auspflanzen im zeitigen Herbst. Feigenbäume hingegen sollten besser erst im Frühjahr gepflanzt werden. Eine Herbstpflanzung überleben sie zumeist nur, wenn milde Wintertemperaturen bei ausreichendem Niederschlag folgen. Wird es früh im Herbst zu kalt zum Anwachsen und folgt dann noch anhaltender Dauerfrost in den Wintermonaten, sind die Überlebenschancen besonders bei jüngeren, frisch gepflanzten Feigenbäumen ziemlich gering. Sehr viel sicherer ist die Auspflanzzeit von April bis Juni. Je nach Witterung müssen Sie dann zwar besonders die regelmäßige Wasserversorgung im Auge behalten, den Feigenbäumen steht dafür aber ein halbes Jahr Vegetationsperiode zur Verfügung, um sich akklimatisieren und ungestört einwurzeln zu können.

Winterschutz

Dort wo es im Winter trotz geschütztem Standort regelmäßig unter -10 °C kalt wird, sollten nur die robustesten Feigensorten gewählt werden. Sinkt die Temperatur öfter unter -15 °C, macht eine dauerhafte Kultur ohne zusätzlichen Winterschutz (etwa mit Schilfrohrmatten, Gartenvlies, Stroh) kaum Sinn. Keinesfalls darf der Feigenbaum jedoch mit luftundurchlässigen Materialien wie Luftpolsterfolie oder Abdeckplanen verpackt werden (siehe Kasten).

Nicht mit Kunststoffplanen schützen!

Temperaturen unter -10 °C kommen bei uns im Winter zumeist bei Hochdruckeinfluss zustande, d. h. am Tag scheint dann trotz klirrender Kälte die Sonne. Das hat zur Folge, dass sich unter der luftundurchlässigen Folie ein Treibhauseffekt bemerkbar macht, der die Pflanzen aufheizt, um sie in der Nacht dann wieder in eine Kältestarre zu versetzen. Solche Temperaturunterschiede von bis zu 30 °C innerhalb eines Tages sind nicht gerade förderlich für Feigenbäume.

Kultur im Kübel

In Regionen, die weniger als 5 Monate des Jahres frostfrei sind und in denen fast in jedem Winter die -10 °C-Marke unterschritten wird, sollte man Feigenbäume im Kübel kultivieren. Auch für Hobbygärtner mit kleinem Balkon oder Garten ist die Topfkultur eine gute Alternative. Empfehlenswert sind hier einige klein bleibende Feigensorten.

Größe des Pflanzgefäßes

Es gibt Feigensorten, die sehr schnell wachsen und zumindest ausgepflanzt über 5 m hoch und breit werden. Andere Cultivare sind auch als zehnjährige Bäume kaum höher als 2 m. Manche neigen zur starken Ausbildung von Wurzelschösslingen, andere nur sehr sporadisch oder überhaupt nicht. Selbstredend, dass für die Kultur im Kübel überwiegend die klein bleibenden Feigensorten zu bevorzugen sind (z. B. 'Dorrée', 'Dalmatie', 'Israel'). Für diese reichen über viele Jahre Pflanzgefäße mit 20 l Fassungsvermögen aus. Größere Feigenbäume sollten in Kübel mit einer Kapazität von wenigstens 30–50 l gepflanzt werden. Nach einigen Jahren sind diese jedoch zumeist derart stark durchwurzelt, dass die Feigenbäume nicht mehr genügend Nährstoffe für einen nachhaltigen Fruchtertrag aufnehmen können. Im Extremfall drohen sie gar zu vertrocknen, da mangels Substrat kein Wasser mehr aufgenommen werden kann. Daher nimmt man die Pflanzen alle paar Jahre im zeitigen Frühjahr – also kurz vor dem Blattaustrieb – aus dem Topf und klopft zunächst die sandigen Substratreste ab. Jetzt kann man etwa ein Drittel des Wurzelballens einkürzen und den somit gewonnenen Platz im Gefäß mit neuer Pflanzerde auffüllen. Dank dieser Methode kann ein ständiges Umtopfen in immer größere und vor allem schwerere Pflanzgefäße vermieden werden.

Substrat

Feigenbäume dürfen auf keinen Fall in reine Blumenerde gepflanzt werden. Deren Anteil an organischen Stoffen wie Kompost und Torf oder Torfersatzstoff ist viel zu hoch. Zudem ist sie oftmals übermäßig (vor allem mit zu viel Stickstoff) vorgedüngt. Sehr viel geeigneter sind Pflanzerden, deren Zusammensetzung speziell auf das Auspflanzen von Gehölzen abgestimmt ist. Das ideale Verhältnis von organischen (Humuserde) und mineralischen

(Sand, Ton, Lavasplitt) Bestandteilen für die Kübelkultur von Fruchtfeigen liegt bei 40 zu 60. Noch mehr als bei der Freilandkultur sollten Sie hier auf die Vermeidung von Staunässe achten. Übertöpfe oder Unterteller lassen Sie am besten weg.

Überwinterung

Bei der Kultur im Kübel brauchen Sie einen geeigneten Überwinterungsplatz, etwa einen unbeheizten Keller, die Garage oder ein Gartenhäuschen. Feigenbäume haben gegenüber vielen anderen mediterranen Kübelpflanzen den Vorteil, dass sie laubabwerfend sind und daher in den Wintermonaten ohne Licht auskommen. Sogar leichter Frost ist bei den meisten Sorten solange kein Problem, bis der Topfballen durchzufrieren droht. Problematischer sind Temperaturen über 10 °C über einen längeren Zeitraum, da die Pflanzen dann zu früh mit dem neuen Blattaustrieb beginnen.

Das Überwintern eines getopften Feigenbaumes im Freiland ist sehr riskant. Selbst auf überdachten Balkonen sollte der Topf möglichst von der Abwärme des Hauses profitieren können und zur Wetterseite hin einen Winterschutz gegen Durchfrieren bekommen. Das Holz verpacken Sie am besten mit Gartenvlies.

Um eine Pflanze möglichst lange im gleichen Topf lassen zu können, reduziert man vor der Wachstumsperiode den Wurzelballen um bis zu 30 %.

Wässern und Düngen

Weil Feigenbäume in ihrem natürlichen Verbreitungsgebiet auf kargem, staubtrockenem Boden manchmal monatelang ohne Regen auskommen müssen, meinen viele Hobbygärtner, dass das Wässern und Düngen unter hiesigen Bedingungen gänzlich gestrichen werden kann. Das ist nicht der Fall!

So manch ein gut eingewachsener, vergessener „herrenloser" Feigenbaum in der Südpfalz bestätigt obige Vermutung zunächst, da er nur sehr selten einer gärtnerischen Pflege, und schon gar nicht der regelmäßigen Wässerung unterzogen wurde. Tatsächlich zeigt sich aber, dass die Ansprüche und Voraussetzungen der Kultur eines Feigenbaumes im Hausgarten oder Pflanzkübel durchaus beachtet werden müssen.

Wässern

Frisch ausgepflanzte Exemplare müssen Sie besonders während der warmen Sommermonate je nach Varietät mehrmals pro Woche oder gar täglich gießen. Erst wenn die Wurzeln ein ausreichendes Einzugsgebiet erschlossen haben, können Sie die Gießintervalle reduzieren. Bei lange anhaltender Trockenheit reagieren Fruchtfeigen manchmal mit Totalabwurf der Blätter. Doch schon kurz nach dem ersten Wässern treiben sie schnell wieder aus. Wer regelmäßig in den Genuss reifer Früchte kommen möchte, sollte es allerdings nicht so weit kommen lassen und von Mai bis September regelmäßig gießen.

Etwas sensibler verhält es sich bei der Kultur im Topf. Hier besteht oft die Gefahr, dass der Feigenbaum ständig „kalte Füße" hat, da die Wurzeln einer Staunässe im dauerfeuchten Substrat unterliegen. Wurzelfäule und diverse Blattkrankheiten sind schnell die Folge. Wer hier auf wasserspeichernde Übertöpfe oder Unterteller nicht verzichten kann, muss mit besonders viel Fingerspitzengefühl regelmäßig aber mäßig gießen.

Während der Winterruhe benötigen Feigenbäume auch als Topfkultur nur sehr wenig Wasser. Eine monatliche Kontrolle der Erdfeuchte reicht völlig aus. Sobald der Topfballen sichtbar einschrumpft und die Oberfläche sich trocken anfühlt, kann man leicht wässern.

Freilandpflanzungen benötigen von Oktober bis März keinerlei zusätzliche Bewässerung.

Düngen

Die Wahl des richtigen Düngers ist bei Fruchtfeigen wichtiger als man zunächst denken mag. *Ficus carica* reagiert bei entsprechender Wärme- und Wasserversorgung auf Stickstoffdüngung mit explosionsartigem Wachstum. Unnatürlich große Blätter, wenig Fruchtansatz und viel zu schnell wachsende, kaum verholzende Zweige sind ein deutliches Indiz für eine falsche Düngung, etwa mit reinen Hornspänen oder einem handelsüblichen Universaldünger. Sehr viel wichtiger als ein schnelles Wachstum ist bei der Kultur von Feigenbäumen in unseren Breiten ein gesundes Holz, besonders aber das rechtzeitige Verholzen des Jahreszuwachses bis zum Herbst. Sind die Zweige bei Wintereinbruch noch grün, fallen sie zumeist dem Dauerfrost zum Opfer. Des Weiteren sollte der Feigendünger für einen reichlichen Fruchtansatz sorgen. Besonders in Topfkultur stellen Feigenbäume die Fruchtbildung mangels ausgewogener Nährstoffzufuhr oftmals vollständig ein.

Ungewöhnlich große Blätter sind bei Feigenbäumen ein deutliches Merkmal für eine übermäßige Stickstoffdüngung.

Als idealen Feigendünger hat sich folgendes Mischverhältnis bewährt:
4 N + 8 P + 12 K + 2 MgO

Wer diesen nicht selbst mischen will, kann auf Fertigprodukte zurückgreifen, die möglichst wenig Stickstoff, dafür aber viel Phosphor, einige Spurenelemente und sehr viel Kalium enthalten. Die meisten Beerendünger oder spezielle Baumschuldünger für Obstgehölze besitzen gleiche oder sehr ähnliche, zur Feigenbaumdüngung geeignete Mischverhältnisse.

Auf Flüssigdünger sollten Sie möglichst verzichten. Langzeitdünger in Granulat-, Kegel- oder Perlenform mit einer etwa dreimonatigen Depotwirkung während der Hauptwachstumsperiode (Mai bis Juli) sorgt für eine gleichmäßige Aufnahme der Nährstoffe bei jedem Gießen. Spätestens ab August sollten Sie bei Feigenbäumen die Düngung vollständig einstellen.

Vermehrung

Der Kauf einer Pflanze ist eine Sache, sie selbst zu vermehren eine ganz andere. Unter Beachtung einiger Grundregeln ist es aber auch für den Hobbygärtner möglich, Feigenbäume relativ einfach selbst zu ziehen.

Stecklinge und Steckhölzer

Die häufigste Methode, Feigen nach Sorten zu reproduzieren, ist die Vermehrung durch Stecklinge (im Sommer) bzw. Steckhölzer (im Winter). Bei unseren domestizierten Hausfeigen-Varietäten ist das vegetative „Klonen" ohnehin die einzige Möglichkeit, sortenechte Nachkommen zu erhalten, da diese keine keimfähigen Samen bilden.

Eine Methode, die häufig bei zögerlich wurzelnden Gehölzen angewandt wird, hat sich auch bei *Ficus carica* wie folgt bewährt: Sobald der Feigenbaum im November seine Blätter verloren hat, schneidet man etwa 15 cm (max. 25 cm) lange, halbverholzte bis verholzte Steckhölzer aus Seiten- oder Leittrieben des Feigenbaumes. Diese sollten drei bis vier Knoten (Nodien) haben. Die Abstände zwischen den Nodien bei Kopfsteckhölzern sind meistens geringer, sodass diese sehr viel kürzer sein können als Stammsteckhölzer. Die Basis wird etwa 1 cm unter dem ersten Nodus abgeschnitten. Je nach Menge der Steckhölzer werden diese gegebenenfalls nach gleichen Längen sortiert, in 5er- bis 10er-Bündel verschnürt und in einer mäßig feuchten Mischung aus 80 % Sand und 20 % fein geriebenem Weißtorf (oder Weißtorfersatz) bei etwa 10 °C Durchschnittstemperatur (z. B. im unbeheizten Keller) überwintert. Dabei sollten nur die oberen Nodien aus dem Substrat ragen, um eine Austrocknung zu verhindern. Achten Sie auch unbedingt darauf, dass die Steckhölzer richtig herum im Substrat stecken.

So präpariert überdauern Feigensteckhölzer bis zum Frühjahr und sollten nur alle paar Wochen leicht befeuchtet werden. Im Frühjahr werden sie dann vorsichtig in schmalen aber möglichst hohen Töpfen oder Topfplatten im gleichen Substrat oder in anderen Bewurzelungssubstraten wie etwa Vermiculite-Granulat vereinzelt. Wer möchte, kann sie vor dem Stecken noch in ein Bewurzelungshormon eintauchen – dringend notwendig ist dies aber nicht. Zu beachten ist, dass auch hier beim Einpflanzen maximal ein Drittel des Steckholzes aus der Erde ragt.

Sowohl Kopf- als auch Stammsteckhölzer von Feigenbäumen können bewurzelt werden. Kopfsteckhölzer (links) bilden ihre Wurzeln jedoch etwas zögerlicher, da die weichen Triebspitzen (Terminalknospen) im Wuchs bevorzugt werden.

Gebündelte Feigensteckhölzer überwintern frostfrei in speziellem Substrat.

Um nun die rasche Bildung der Wurzeln weiter anzuregen, ist eine ausreichende Bodenwärme sehr wichtig! Dazu stellt man die Pflanzgefäße bei etwa 25 °C auf eine Pflanzenheizmatte oder ersatzweise auf die beheizte Fensterbank, sofern dort die Temperaturschwankungen nicht allzu groß sind. Die Töpfe müssen jetzt alle paar Tage auf deren Feuchtigkeit überprüft werden. Um das Austrocknen zu vermeiden und eine möglichst hohe Luftfeuchtigkeit zu erhalten, stülpen Sie am besten transparente Tüten über die Töpfe. Wenn die Steckhölzer nach etwa 1 bis 2 Monaten genügend Wurzeln gebildet haben, um den oberirdischen Teil mit Wasser zu versorgen, werden die Tüten wieder entfernt. Mit dem Umtopfen der neu entstandenen Feigenbäumchen in Pflanzerde warten Sie so lange, bis die Wurzeln beginnen, aus den Bodenlöchern des Topfes bzw. der Topfplatte herauszuwachsen.

Sobald die Stecklinge kräftige Wurzeln gebildet haben, können sie in größere Gefäße mit nährstoffreicherer Pflanzerde umgetopft werden.

Natürlich können Sie das Bewurzeln auch erst im frühen Sommer mit frisch entnommenen, bereits beblätterten Stecklingen beginnen. Die überwinterten Steckhölzer haben jedoch einen gewissen Vorsprung. Nach kalten Wintern kommt es zudem vor, dass die Triebspitzen ausgepflanzter Feigenbäume erfroren bzw. vertrocknet sind und somit als Stecklinge unbrauchbar werden.

Das Entnehmen von Wurzelschösslingen ist bei wurzelechten Sorten die einfachste Methode der Feigenbaumvermehrung.

Abmoosen, Absenker und Wurzelschösslinge

Wird nur ein einzelner Ableger eines Feigenbaumes benötigt, und sollte dieser schon möglichst groß sein, bietet sich im Frühling die Abmoostechnik an. Bei dieser Methode belässt man den Ableger zum Bewurzeln am Baum, sodass dieser ihn weiterhin mit Nährstoffen versorgt. Dazu wird beim ausgesuchten Ast etwa 20 cm unterhalb einer Verzweigung ein etwa 2–3 cm breites Stück Rinde ringsherum entfernt. Unterhalb dieser geschälten Stelle befestigt man dann mit Bindedraht eine Manschette aus blickdichter Folie, die mit feuchtem Kokosfasersubstrat oder Sphagnummoos befüllt wird. Jetzt kann man auch das obere Ende der Manschette mit Bindedraht verschließen. Etwa wöchentlich wird die Manschette vorsichtig geöffnet und auf Feuchtigkeit bzw. Fortschreiten der Wurzelbildung geprüft. Nach etwa

2 bis 3 Monaten haben sich in aller Regel genügend Wurzeln gebildet und der Ast kann vom Mutterbaum getrennt und eingepflanzt werden. Um die Verdunstungsfläche vorübergehend zu minimieren, entfernt man einen Teil der Blätter an der neuen Pflanze.

Eine sehr ähnliche Methode, größere Ableger vom Mutterbaum zu erhalten, ist die Vermehrung durch Absenker. Besonders bei Feigensorten mit ausladenden, tief hängenden Ästen bietet sich diese an. Dazu wird im zeitigen Frühjahr einfach ein bodennaher, biegsamer Feigenast auf etwa 30 cm Länge in einer 15 cm tiefen Bodenmulde mit einer Klammer fixiert und mit lockerer Pflanzerde bedeckt. Das herausragende Triebende bindet man hoch. Etwa nach 3 Monaten versorgt sich der Absenker ausreichend durch die neu gebildeten Wurzeln und kann vom Mutterbaum getrennt werden.

Einige Feigenbaumsorten neigen sehr stark zur Bildung von Wurzelschösslingen. Diese können mit einem scharfen Messer vorsichtig von der Mutterpflanze getrennt und sofort in Pflanzerde getopft werden. Um Ableger mit möglichst viel eigenem Wurzelwerk zu bekommen, entfernt man zum besseren Überblick vor dem Abtrennen so gut es geht das Erdreich um den Wurzelschössling.

Sämlinge

Alle Früchte der Echten Feige (*Ficus carica*), die in mitteleuropäischer Kultur gereift sind, enthalten keinen keimfähigen Samen. Somit ist deren generative Vermehrung hier nicht möglich. Bei frischen oder getrockneten Feigen

In Südeuropa säen sich Echte Feigen vielerorts selbst aus, sodass sie sogar aus Mauerritzen wachsen.

Keimfähige Feigensamen sind sehr klein, aber dafür umso zahlreicher in einer Frucht vorhanden.

Saatgut gewinnen

Das herauslösen der winzigen Samen ist bei Feigen, besonders wenn sie getrocknet sind, sehr mühsam. Daher empfiehlt es sich, die Feigen über Nacht in Wasser quellen zu lassen. Danach verreibt man die Früchte in einer Schüssel mit Wasser. Die Samen beginnen sich zu lösen. Nun kann man durch ständiges Nachspülen das aufwirbelnde Fruchtfleisch von den schwereren Samen trennen, welche sich allmählich am Boden der Schüssel absetzen. Schwimmende Samen sind ein Anzeichen dafür, dass sie ohne Keim sind!

aus Ländern, in denen die Feigen noch durch die Feigengallwespe (*Blastophaga psenes*) bestäubt werden, ist das anders. Hier kann man mit etwas Geschick aus einer einzigen Frucht Dutzende Sämlinge ziehen. Ein ganz entscheidender Nachteil dabei ist allerdings, dass sich aus den Sämlingen überwiegend Smyrna- und Capri-Feigenbäume, also nicht-selbstfruchtende weibliche oder rein männliche Pflanzen bilden. Erschwerend kommt hinzu, dass Sämlinge der Echten Feige erst nach mehreren Jahren oder gar Jahrzehnten erste Feigen bilden.

Dennoch kann sich das Warten lohnen: Eine Hobbygärtnerin hat bereits 1983 einen Feigenbaum, gezogen aus Samen getrockneter, türkischer Sari-Lob-Feigen, in ihren nordbadischen Garten gepflanzt. Auf über 6 m herangewachsen, hatte er bis 2013, also selbst nach 30 Jahren, keinen einzigen Fruchtansatz. Erst im Sommer 2014 bildete der Baum erste Fruchtansätze, die bis zum Herbst reiften und sich erstaunlicherweise als wohlschmeckende parthenokarpe Version der türkischen Ursprungsfeige herausstellten!

Die Samen der Punjab-Feige (*Ficus palmata*) sind auch dann keimfähig, wenn sie aus Früchten stammen, die in unseren Breiten reiften. Sämlinge dieser Feigenart setzen auch schon nach 2 bis 3 Jahren erste Früchte an. Allerdings handelt es sich dabei großteils um männliche oder nicht-selbstfruchtende weibliche Pflanzen.

Veredelung

Die Veredelung spielt in der Vermehrung von Feigenbäumen nach Sorten mit kommerziellem Hintergrund keine nennenswerte Rolle. Dennoch kann sie, besonders für den Hobbygärtner, in einigen Fällen hilfreich sein.

Wann ist eine Veredelung sinnvoll?

Hat man einen größeren Feigenbaum, bei dem man erst spät merkt, dass es keine selbstfruchtende Sorte ist, macht das nachträgliche Veredeln auf jeden Fall Sinn. Auch wenn aus Platzgründen mehrere Sorten auf einem Baum wachsen sollen, ist eine Veredelung sinnvoll. Man sollte aber nicht unbedingt ohne Grund experimentieren, denn ausgepflanzte Feigenbäume sind in unseren Breiten besonders nach strengen Wintern an den Veredelungsstellen anfällig für Holzschäden und Pilzkrankheiten. Wurzelechte Sorten sind für das Freiland daher grundsätzlich zu bevorzugen. Ein weiteres Problem ist, dass es sehr unterschiedlich schnell und auch unterschiedlich groß wachsende Feigensorten gibt. Unterlage und Edelreis sollten da einigermaßen aufeinander abgestimmt sein, was ein gewisses Maß an Vorkenntnissen erfordert.

Die Praxis

Da alle Seitentriebe später nur eine Konkurrenz für den Edelreis darstellen würden, wird mit einem waagerechten Schnitt zunächst die komplette Baumkrone entfernt, sodass durch Rindenpfropfen direkt auf den Leitast veredelt werden kann. Dazu entnimmt man der edlen Feigensorte je nach Durchmesser der Unterlage einen oder mehrere, etwa 1–1,5 cm dicke Zweige. Diese sollten möglichst drei Nodien haben, dürfen aber gleichzeitig nicht länger als 10–15 cm sein. Jedes Edelreis wird am unteren Ende nun zunächst mit einem langen Schrägschnitt angespitzt. Zu dieser Schnittfläche erfolgt ein Zusatzschnitt im rechten Winkel. Jetzt wird am Pfropfkopf der Unterlage ein Längsschnitt von 5–8 cm vorgenommen und eine Seite der Rinde gelöst. Das Edelreis wird eingesetzt, wobei immer die etwas kleinere Schnittfläche an der nicht gelösten Rinde anliegt. Am Schluss wird die Stelle noch verbunden und mit Baumwachs verstrichen.

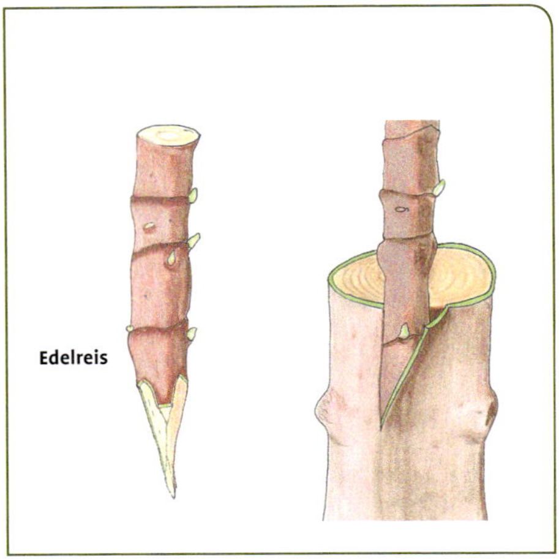

Rindenpfropfen

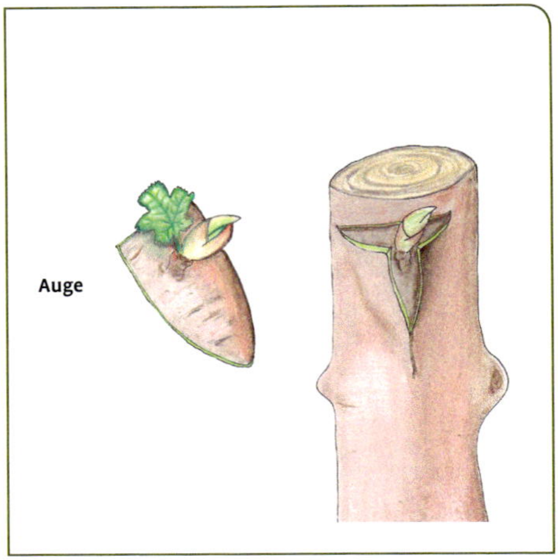

Okulation

Wenn Sie nur Platz für einen Baum haben, aber in den Genuss mehrerer Feigensorten kommen möchten, können Sie diese auf einer Pflanze vereinen. Bei relativ kleinen Bäumen, bei denen die Baumscheibe für das Rindenpfropfen noch zu klein wäre, bietet sich die Okulation an. Dazu schneiden Sie ein Auge aus dem einjährigen Trieb der Edelsorte u-förmig heraus. Ein entsprechend großes Stück Rinde wird dann mithilfe eines T-Schnittes von der Unterlage gelöst. Nun können Sie das Edelauge einsetzen. Anschließend wird die Stelle mit einem Veredelungsband so umwickelt, dass nur der Trieb sichtbar bleibt.

Schnitt

Die meisten Feigenbaumsorten neigen sobald sie gut eingewachsen sind, zu einem raschen, oftmals auch ungleichmäßigen Wuchs. Daher ist ein regelmäßiger Schnitt nicht zu vermeiden.

Wer die Wuchsform des Baumes priorisiert und auf einen Ertragsschnitt verzichten möchte, nimmt den Formschnitt am besten im zeitigen Frühjahr vor, kurz vor dem Austrieb der Blätter. Hier ist lediglich zu beachten, dass die Äste nach dem Schnitt einigermaßen in der Saftwaage sind. Dickere Äste schneidet man leicht schräg zwischen zwei Nodien ab, damit die Feuchtigkeit schneller abfließen kann.

Um den Fruchtertrag eines Feigenbaumes zu maximieren, muss man hingegen einige Dinge beachten. So gibt es auch Unterschiede bei einmal je Saison tragenden Herbstfeigen (Unifera) und zweimal je Saison tragenden Hausfeigen (Bifera) sowie bei den im späten Frühjahr tragenden Unifera-Feigen.

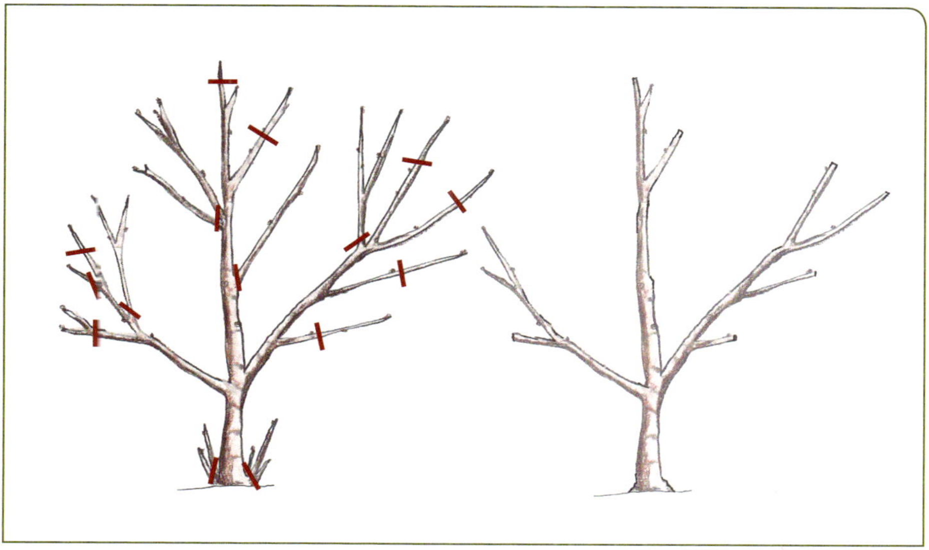

Gezieltes Auslichten ist beim Schnitt von Herbstfeigensorten für eine gute Ernte wichtig.

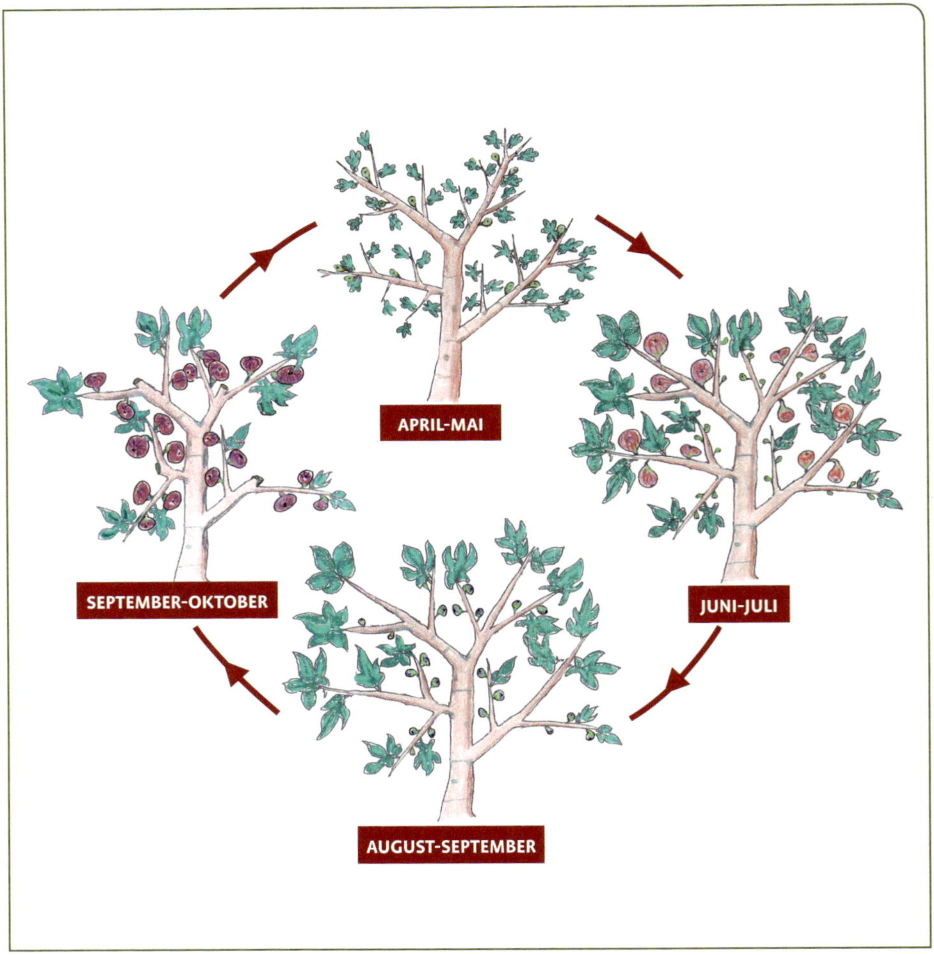

Zweimal tragende Hausfeigen werden für eine maximale Ernte auch zweimal pro Jahr geschnitten.

Ertragsschnitt bei Herbstfeigensorten

April / Mai: Da sich Herbstfeigen am neuen Holz bilden, ist hier das Belassen einer bestimmten Anzahl einjähriger Triebe nicht notwendig. Hier gilt es, durch einen Auslichtungsschnitt konkurrierende Zweige, Wasser- und Bodenschösslinge zu entfernen (siehe Zeichnung Seite 41).

Ertragsschnitt bei Hausfeigen

April / Mai: Etwa ein Drittel des einjährigen Holzes, besonders Endtriebe und konkurrierende nach innen wachsende Zweige, werden entfernt.
August / September: Lange Mitteltriebe werden zurückgeschnitten. Somit steht mehr Energie für die im Herbst heranreifenden Feigen zur Verfügung (siehe Zeichnung Seite 42).

Im Frühjahr tragende Unifera-Feigen

Die im späten Frühjahr tragenden Unifera-Feigen sollten wie die Bifera-Feigen (Hausfeigen) geschnitten werden. Schneidet man fälschlicherweise wie bei einmal tragenden Herbstfeigen das einjährige Holz zurück, bleiben folglich die essbaren Früchte aus.

Pilzerkrankungen vermeiden

Feigenbäume sind besonders in regenreichen Teilen Mitteleuropas sehr anfällig gegen Baumfäule. Abgestorbenes Holz, etwa nach Frostschäden, sollte großzügig ausgeschnitten werden, da dieses sonst einen guten Nährboden für Pilzkrankheiten und Schädlinge bildet.
Werden dicke Äste mit mehr als 3 cm Durchmesser entfernt, empfiehlt es sich, die Schnittstelle kurz nach dem Abtrocknen mit Baumwundbalsam zu behandeln, das ein Fungizid enthält.

Was unsere Feigenbäume plagt

Da Feigenbäume lange als unempfindlich gegen Schädlinge galten, wurden sie bei besonders ernährungsbewussten Menschen als Geheimtipp gehandelt, denn auf Pestizide konnte mancherorts vollständig verzichtet werden. In den letzten Jahren ist dies bezüglich jedoch leider ein gewisser Wandel zu verzeichnen.

Krankheiten, Schädlinge und physiologische Schäden

Obwohl die Kultur des Feigenbaumes (*Ficus carica*) auch in Mitteleuropa eine lange Tradition hat, bekommt man nur selten konkrete Informationen zu hilfreichen Gegenmaßnahmen bei Krankheits- oder Schädlingsbefall.

Pilzkrankheiten

Spezielle, invasive Pilzerkrankungen, wie man sie etwa von Pfirsich- oder Kirschbäumen kennt (Kräuselkrankheit), sind bei Feigenbäumen nicht zu befürchten. Hier treten hauptsächlich witterungsbedingte, vorübergehende **pilzliche Blattflecken** auf. Ähnlich wie bei Weinreben erscheinen diese gerne bei anhaltend feucht-kühler Witterung. Besonders in der Topfkultur können die auch als Feigenrost bezeichneten Flecken ein Zeichen für ein

Blattflecken durch Pilzbefall sind bei Feigenbäumen nur selten Grund zur Sorge. Stimmen Boden und Klima, verschwinden sie genauso schnell, wie sie gekommen sind.

Je eher der Zinnoberrote Pustelpilz entfernt wird, desto unwahrscheinlicher ist seine gefährliche Ausbreitung auf lebende Pflanzenteile.

Von Schimmelpilzen befallene Feigen können ihrem Umfeld schaden. Sie sollten besser gleich abgesammelt werden.

viel zu saures und dauerfeuchtes Substrat sein. In diesem Fall ist es sinnvoll die Ursache zu bekämpfen und die Bodenbedingungen zu ändern, anstatt ein Fungizid zu sprühen. Dieses würde eher zur weiteren Schwächung der Pflanze beitragen. Kurz vor dem Laubfall im Oktober bis November sind solche Blattflecken an Feigenbäumen der Jahreszeit gemäß normal. Auch dann bedarf es keiner Maßnahme zu deren Bekämpfung.

Abgestorbenes Holz des Feigenbaumes wird häufig vom **Zinnoberroten Pustelpilz** (*Nectria cinnabarina*) befallen. Die auffällig roten Fruchtkörper sorgen für die Verbreitung der Sporen und können auch lebende Pflanzenteile anstecken. Alle betroffenen Äste müssen daher bis auf das gesunde Holz großzügig entfernt und möglichst ohne Zwischenlagerung über den Restmüll entsorgt werden. Die Schnittstellen des Baumes behandelt man mit einem fungizidhaltigen Wundverschluss.

Eine nicht zu unterschätzende Gefahr können Schimmelpilze darstellen, deren Zellfäden über befallene Früchte in das Holz des Feigenbaumes eindringen. Nicht selten ist das komplette Absterben ganzer Zweige oberhalb der infizierten Stelle die Folge. Überreife oder angeschimmelte unreife Feigen fallen oftmals nicht selbst herab und müssen daher gründlich abgesammelt werden.

Feigen-Mosaikvirus (FMV)

Fast jeder Feigenbaum ist Träger dieser Viruserkrankung, die erstmals 1933 von der bekannten amerikanischen Botanikerin Ira J. Condit beschrieben wurde. Übertragen wird der zur Gattung der Emaraviren gehörende Erreger überwiegend durch Milben und saugende Insekten, aber auch mechanisch, wie etwa durch die Rebschere beim gleichzeitigen Rückschnitt mehrerer Pflanzen.

Zum Ausbruch der Krankheit kommt es besonders bei schlechten Wachstumsbedingungen für den Feigenbaum, z. B. übermäßiges Gießen, Überdüngung mit Stickstoff, Staunässe oder lang anhaltende, zu kühle Witterung. Erste Anzeichen sind unregelmäßig mosaikartig auftretende, helle Verfärbungen der Blätter. Kommen mehrere Stressfaktoren für die Pflanze auf einmal zusammen, sind Deformierungen neu gebildeter Blätter und merkwürdig geformte, fleckige Feigenfrüchte, die vor dem Ausreifen abfallen, die Folge. Sobald die Ursachen für einen starken FMV-Ausbruch beseitigt sind, erholt sich der Feigenbaum in der Regel schnell wieder von den optischen Makeln. In den meisten Fällen reicht es schon aus, befallene Pflanzen einige Wochen lang nur mäßig zu gießen. Eine echte Gefährdung, die zum vollständigen Absterben führen könnte, ist durch FMV jedoch nicht gegeben.

Gegen Virenerkrankungen gibt es bei Pflanzen kein Schutzmittel, folglich auch nicht gegen den Feigen-Mosaikvirus.

Erste Anzeichen für den Feigen-Mosaikvirus sind die typisch mosaikartigen Verfärbungen junger Blätter.

Bei starkem Virenbefall kommt es zu Wachstumsstörungen, wie etwa deformierten Blättern.

Feigen-Spreizflügelfalter

Erst in den letzten Jahren kamen überwiegend aus dem südwestdeutschen Raum immer häufiger Meldungen zu kleinen aber gefräßigen Larven, die sich über das Blattwerk von Feigenbäumen hermachen. Tatsächlich handelt es sich dabei um die sehr spezialisierten Raupen des Feigen-Spreizflügelfalters (*Choreutis nemorana*). Der bisher nur im wärmeren Mittelmeerraum bekannte, kleine Schmetterling mit einer Flügelspannweite von etwa 2 cm hat sich inzwischen, wahrscheinlich begünstigt durch den Klimawandel, in weiten Teilen Mitteleuropas etabliert. Die nur 2 cm kleinen Raupen bauen, bevor sie zu fressen beginnen, zumeist an den Blattenden ein schützendes Gespinst aus Seidenfäden, wodurch sich das Feigenblatt leicht einrollt. Im englischsprachigen Raum werden sie daher auch „fig roller“ (= Feigenroller) genannt. Anders als bei dem gefräßigen Buchsbaumzünsler zerstören sie aber nicht das ganze Blatt, sondern hinterlassen viele kleine Fraßlöcher, bevor sie zum nächsten Blatt kriechen. Werden sie gestört, können sie ein ungeahntes Tempo entwickeln. Beim Absammeln dieser Raupen sollte man also tatsächlich flink sein!

Bereits im Juli verpuppt sich die erste Generation. Diese findet man dann ebenfalls eingesponnen an den Blatträndern des Feigenbaumes. Kurze Zeit danach schlüpfen schließlich die kleinen Falter und sorgen durch fleißige Eiablage für eine zweite Generation bis zum Herbst. Die erwachsenen Falter

Die Raupe des Feigen-Spreizflügelfalters frisst auch tagsüber im Schutz ihres Seidengespinstes.

Den erwachsenen Falter bekommt man im Gegensatz zu den Raupen nur selten zu sehen.

sind tagsüber selbst in großen Feigenbaumbeständen nur selten zu sehen. Gelegentlich werden sie beim Gießen aufgescheucht. Selbst dann gelingt es aber aufgrund ihrer schnellen, ruckartigen Positionswechsel kaum, die kleinen Schmetterlinge genauer zu betrachten.
Da die Raupen nur teilweise für hässliche Fraßstellen an den Feigenblättern sorgen, jedoch bei Weitem nicht invasiv genug auftreten, um den ganzen Baum ernsthaft zu schädigen, sollte auf die Verwendung eines Insektizids verzichtet werden. Durch regelmäßiges Absammeln der Raupen und der eingesponnenen Puppen lässt sich deren Population in Grenzen halten.

Kirschessigfliege

Vermutlich waren es Früchte, in denen die in Südwestasien beheimatete Kirschessigfliege (*Drosophila suzukii*) 2008 im Larven- oder Puppenstadium nach Europa gelangte. Seitdem macht sie, je nachdem wie kalt die Winter ausfallen, auch mitteleuropäischen Obstbauern und Winzern mal mehr und mal weniger ihre Ernte „madig“.

Die durchschnittlich 3 mm großen Essigfliegen unterscheiden sich von den europäischen Arten durch zwei deutliche Merkmale. Die Männchen haben einen gut erkennbaren schwarzen Punkt an jeder Flügelspitze und die Weibchen besitzen im Gegensatz zu den heimischen Essigfliegen einen weitaus kräftigeren, mit Sägezähnen versehenen Legeapparat. Dieser ermöglicht ihnen, auch intakte, noch reifende Früchte zu befallen, während die europäische Essigfliege auf überreifes oder verletztes Obst angewiesen ist, da ihr Legeapparat keine Sägezähne besitzt. Sowohl diese Eigenschaft, als auch die Tatsache, dass sich von *Drosophila suzukii* aufgrund ihrer kurzen Entwicklungszeit je Saison etwa ein Dutzend Generationen entwickeln können, macht sie zu einem ernstzunehmenden Schädling, der in den letzten Jahren auch immer öfter in Feigen zu finden ist. Zwar spricht man bei Trauben, Beerensorten oder Kirschen immer wieder davon, dass die Insekten tendenziell rote bzw. dunkle Früchte bevorzugen – bei Feigen scheint die Farbe jedoch keine Rolle zu spielen.

Die asiatische Kirschessigfliege schafft es mittels gezähntem Legeapparat, ihre Eier in harte, noch unreife Feigen zu legen.

Zu erkennen sind frisch befallene Feigenfrüchte an den zahlreichen Einstichstellen, aus denen die weiße Feigenmilch austritt. Nach einiger Zeit färben sich die Einstichstellen braun, da sich an der verletzten Stelle Pilze angesiedelt haben. Durch den Befall beginnen halbreife Feigen eher zu faulen als zu reifen. Das sonst sehr süße Fruchtfleisch schmeckt nun sauer oder gar bitter. Die Feigen werden ungenießbar.

Als Gegenmaßnahme kann man selbstgebaute Essigfliegenfallen in den gefährdeten Baum oder dessen unmittelbare Nähe hängen. Dazu wird eine Kunststoffflasche oder ähnlich verschließbare Behältnisse im oberen Bereich mit vielen, 3–5 mm großen Löchern versehen. Als Köder nimmt man eine hälftige Mischung aus Apfelessig und Wasser sowie ein paar Tropfen Spülmittel. Die Falle wird nun zu etwa einem Viertel damit befüllt und in einem halbschattigen bis schattigen Bereich positioniert. Alle 2 bis 3 Wochen sollte das Essigwasser ausgetauscht werden. Sichtbar stark befallene Feigenfrüchte müssen möglichst bald abgesammelt und über die Restmülltonne, keinesfalls aber auf dem Kompost entsorgt werden.

Feigenblattsauger

Besonders wenn auf einen milden Winter ein niederschlagsarmes Frühjahr folgt, kommt es auch in unseren Breiten seit einigen Jahren an Feigenbäumen ab April zu einem invasiven Feigenblattsauger-Befall (*Homotoma viridis* Klimaszewski, 1961). Die nur etwa 2–3 mm großen, zu der Familie der Blattflöhe oder Springläuse (*Psyllina*) gehörenden Insekten wurden zwar schon im Jahr 1758 von Carl v. Linné als *Homotoma ficus* beschrieben, ihr Verbreitungsgebiet beschränkte sich damals jedoch noch auf Westasien und die wärmeren Mittelmeerländer Europas. Erst Ende der 1980er-Jahre häuften sich zunächst Meldungen aus Österreich und der Schweiz. Im Sommer 2014 und 2015 herrschte in Frankreich und den wärmeren Regionen Süd- und

Gut vor Regen und Wind geschützt, entwickeln sich die zeitweise massenhaft auftretenden Nymphen von *Homotoma viridis* auf der Blattunterseite von Feigenbäumen.

Südwestdeutschlands eine regelrechte Feigenblattsauger-Plage. Da dieser Feigenschädling bis zu diesem Zeitpunkt vielerorts noch völlig unbekannt war, wurde er sehr oft mit Blattläusen (*Sternorrhyncha*) verwechselt. Bei genauerer Betrachtung der Imagines ist allerdings leicht deren größere Ähnlichkeit mit kleinen Zikaden zu erkennen. Zudem können sie, ihrem Gattungsnamen gerecht werdend, sehr gut springen.

Auch die Nymphen sind ab April auf den Blattunterseiten, und nicht, wie etwa echte Blattläuse, an den Triebspitzen des Feigenbaumes zu finden. Dort sitzen sie zum Teil massenhaft entlang der dickeren Blattadern und ernähren sich aus deren Siebröhren. Dabei entsteht auf der Blattoberseite ein klebriger Belag, der auf den ersten Blick wie Blütenstaub oder feiner Sand aussieht. Auf diesem siedeln sich dann gerne Rußtaupilze an, was die Fotosynthese des Blattes zum Erliegen bringt. Bei sehr starkem Befall siedeln sich sogar einige Nymphen an unreifen Feigen an, um dort Pflanzensaft zu saugen.

Um einen invasiven Befall zu verhindern, sind möglichst frühe Gegenmaßnahmen ab April notwendig. Ähnlich wie bei Blattläusen helfen hier bestimmte systemische Pflanzenschutzmittel. Zu bedenken ist bei deren Verwendung jedoch, dass mehrere Wochen oder Monate auf den Genuss der Feigen verzichtet werden muss. In manchen Fällen reicht es schon aus, sobald die ersten *Homotoma*-Nymphen auf den Blattunterseiten entdeckt werden, den Feigenbaum mittels Gartenschlauch regelmäßig von unten zu duschen. Erfahrungsgemäß verschwindet ein Großteil der feuchtigkeitsempfindlichen Blattsaugernymphen dank dieser Methode. Das Aussetzen von Raubinsekten kann bei schwachem bis mittleren Befall ebenfalls nützlich sein.

Bereits nach etwa 4 bis 6 Wochen haben sich die Nymphen zu Imagines (erwachsenen Insekten) entwickelt. Deren Weibchen legen jetzt Eier für die Generation im Folgejahr in Spalten und Risse der Rinde ab. Spätestens im Juni findet die Blattsauger-Invasion dann von selbst ein Ende, da sich pro Jahr nur eine Generation entwickelt.

Ungebetene „Erntehelfer“

Vielerorts spricht es sich in der heimischen Fauna schnell herum, wenn ein im Freiland stehender Feigenbaum regelmäßig reifende Früchte trägt. So dauert es nicht lange, bis erste Feigen Fraßstellen aufweisen oder plötzlich vollständig fehlen. Ein geringeres Problem stellen hier kleine Fluginsekten dar. Heimische Fruchtfliegen, Wespen oder Hornissen besuchen den Feigenbaum normalerweise erst dann in größerer Zahl, wenn sie vom Duft überreifer oder von anderen Tieren angefressener Früchte angelockt werden.

Stare sind wahrscheinlich die unliebsamsten Besucher des Feigenbauers!

Besonders in den Nachtstunden werden reife Feigen gerne von den flugfähigen Bernsteinschaben (*Ectobius vittiventris*) besucht. An den unteren Ästen hängende, vom Boden aus leicht erreichbare reife Leckerbissen sind sogar für Igel oder Mäuse eine willkommene Abwechslung auf dem Speiseplan

Das größte Problem stellen jedoch, wie so oft bei Obstbäumen, die Vögel dar. Sie können innerhalb weniger Minuten einen Großteil des Fruchtbestandes anpicken, um den Reifegrad jeder einzelnen Frucht zu ermitteln. Bei den sehr schnell verderblichen Feigen ist das aber besonders problematisch, da schon kleinste Verletzungen an der Außenhaut ausreichen, um deren Fäulnisprozess zu beschleunigen. Wer in den mitteleuropäischen Weinbaugebieten einen Feigenbaum im Garten hat, ist sehr wahrscheinlich mit dem Spektakel einfallender Starenschwärme vertraut. Innerhalb kürzester Zeit können solche oft über hundert Individuen zählende Schwärme die komplette Ernte zunichte machen. Hier müssen die Feigenbäume mit feinmaschigen Vogelnetzen (Maschenweite 20 mm oder kleiner) vor den gefräßigen Invasoren geschützt werden. Die Wirkung abschreckender im Handel erhältlicher Raubvogel-Atrappen sowie akustischer oder optischer Alarmsignale ist – wenn überhaupt – in aller Regel nur von kurzer Dauer.

Beim Anbringen der schützenden Netze ist darauf zu achten, dass auch der untere Bereich des Feigenbaumes möglichst dicht abgeschlossen wird, da besonders Stare sehr lernfähig sind und schnell die kleinsten Schlupflöcher ausspähen. Einfache Wäscheklammern sind hierbei sehr hilfreich, um das Netz an den Feigenzweigen zu fixieren. Achten Sie darauf, dass das Netz nicht bis zum Boden hängt, sondern mit Wäscheklammern am Baum befestigt wird. Dadurch verhindern Sie, dass im Garten umherstreifende Igel sich im Vogelnetz verfangen.

Frost-, Windschäden und Verbrennungen

Die mitteleuropäischen Winter können in manchen Jahren auch dort, wo man die Kultur von mediterranen Gehölzen wie Mandel-, Aprikose-, Kaki- und eben auch Feigenbäumen inzwischen als selbstverständlich ansieht, ihre Spuren hinterlassen. Besonders dann, wenn trockenkalte Polarluft über einen längeren Zeitraum zu uns vordringen kann und zweistellige Minusgrade mit sich bringt, sind Frostschäden kaum vermeidbar. Mit dem Entfernen abgestorbener Zweige nach einem Extremwinter sollten Sie aber so lange warten, bis diese eindeutig vertrocknet aussehen, da nach langen Kaltphasen erst sehr spät ein Neuaustrieb erfolgt. Abgestorbene Endtriebe sind meistens rötlich gefärbt. Deren Rinde beginnt zu runzeln und die Blattknospen werden hart.

Bei Feigenbäumen in Kübelkultur kann es leicht vorkommen, dass große Teile neu ausgetriebener Blätter plötzlich braun werden und pergament-

Derartig verbrannte Blätter können witterungsbedingt oder nach falscher Düngung auftreten.

Typische Frostschäden nach besonders kalten Wintern sind abgestorbene Endtriebe.

artig austrocknen. Besonders wenn sie bereits im Überwinterungsquartier vorgetrieben haben und bisher keiner Witterung ausgesetzt waren, reicht ein zugluftgefährdeter oder sonniger Standort aus, um diese Blattverbrennungen auszulösen. Daher müssen vorgetriebene Kübelpflanzen schrittweise an das Freilandklima gewöhnt werden, indem man sie einige Wochen an einem möglichst windgeschützten, halbschattigen Ort platziert. Ausgepflanzte Feigenbäume zeigen derartige Blattschäden nach Spätfrösten im Mai. Treten sie in der Sommerhitze auf, wurde der Feigenbaum höchstwahrscheinlich überdüngt.

Die besten Sorten

Die meisten der in diesem Buch vorgestellten Sorten entstammen der Echten Feige (*Ficus carica*). Es gibt aber auch Wildfeigen, wie die Wilde Punjab-Feige (*Ficus palmata*) und die Wilde Afghanische Feige (*Ficus johannis*), die für die Kultur in unseren Gärten geeignet sind. Die beiden letzteren werden am Schluss des Kapitels beschrieben.

Bananenfeige

Synonyme: Longue d'Aout, Jerusalem

Typ: Hausfeige

Sehr anpassungsfähige Feigensorte, die kurz nach dem Zweiten Weltkrieg in Europa bekannt wurde. Ihre eher kompakte Wuchsform macht sie auch für kleinere Gärten interessant. Der langsame Wuchs sorgt für ein festes, robustes Holz, das auch mitteleuropäischen Wintern trotzt. Hier werden Bäume auch nach vielen Jahren ungestörten Wachstums kaum höher (wenngleich ein wenig breiter) als 3 m. Die sehr tief eingeschnittenen Blätter sind fünf- bis siebenlappig. Die bis zu 20 cm langen, gut 100 g schweren Blühfeigen (Bild) reifen für gewöhnlich im August. Daher wird sie in Frankreich auch 'Longue d'Aout' („lange Augustfeige") genannt. Im deutschsprachigen Raum nennt man sie aufgrund der Wuchsform 'Bananenfeige'. Die Färbung der reifen Frucht reicht von Grün bis Gelb, bei Vollreife teilweise auch mit einem zarten Rot überhaucht. Die im September bis Oktober reifende Herbstfeige hingegen ist bei einem Gewicht von 60 g nur etwa halb so groß, sehr viel rundlicher und braun gefärbt. Geschmacklich sind beide Fruchtvarianten sehr ähnlich und von guter Qualität.

Besonderheiten: Die Früchte tolerieren einige Regengüsse, ohne sofort mit Aufplatzen und Fäulnis zu reagieren. Die Bäume dieser Sorte benötigen jedoch einen sehr gut durchlässigen Boden, da sie in dauerfeuchtem Substrat rasch zu Wurzelfäule neigen. Besonders bei der Kultur im Topf bleibt ein übermäßiges Gießen selten ohne Folgen. Auf einen Unterteller sollte hier möglichst verzichtet werden, um Staunässe vorzubeugen. Stimmen die Bodenbeschaffenheiten, gilt die Sorte als sehr frosttolerant. Ein ausgewachsener Baum steht sogar im *Katz'schen Garten*. Das öffentlich zugängliche, im spätbarocken Stil angelegte Gelände liegt inmitten des Städtchens Gernsbach im Nordschwarzwald.

Bellona

Synonyme: Bellone, Nizzafeige, Noire de Nice

Typ: Herbstfeige

Über 6 m breite, bis 5 m hoch werdende, ausladende Feigensorte. Die Blätter sind überwiegend fünflappig und tief eingeschnitten. Die besonders süßen, für die Herstellung von Trockenfrüchten geeigneten, violetten Früchte sorgten bei dieser Sorte besonders in der südfranzösischen Küstenregion für große Beliebtheit. Dort ist sie vielerorts im Freiland anzutreffen. Die kaum mehr als 50 g schweren Herbstfeigen reifen bei ausgepflanzten Bäumen in Mitteleuropa jedoch erst ab Mitte Oktober. Daher ist hier von einer Kultur im Freiland eher abzuraten. Zudem gilt 'Bellona' als wenig winterhart und sollte bei uns besser als Kübelpflanze im Kalthaus überwintern. Das sorgt dann zudem für einen Wachstumsvorsprung gegenüber ausgepflanzten Bäumen und somit für eine frühere Bildung der essbaren Früchte.

Besonderheiten: Die 'Nizzafeige' kann in Ausnahmefällen im Frühsommer eine sehr geringe Anzahl von Blühfeigen bilden. Voraussetzung dafür ist eine frostfreie Winterruhe. Die sehr ähnlich aussehende, wegen ihrer Robustheit jedoch auch in nördlicheren Regionen verbreitete Sorte 'Sultane' wird auch 'Bellone Bifère', also zweimal tragende 'Bellone' genannt.

Black Bebera

Synonyme: Bebera, Berbera, Black Madeira

Typ: Herbstfeige

Besonderheiten: Die Vermehrung aus Stecklingen verläuft oft schwieriger als man vermuten sollte. Selbst mit Hilfsmitteln wie Heizmatten und Bewurzelungspulver ist die Erfolgsquote unterdurchschnittlich. Die Vermehrung durch Abtrennen bereits bewurzelter Schösslinge der Mutterpflanze ist die sicherste Methode. Solche neu gewonnenen Jungpflanzen brauchen bei 'Black Bebera' jedoch bis zu 5 Jahre, bis die ersten Früchte angesetzt werden.

Diese von der Insel Madeira stammende Feige wird oft als Sorte mit dem besten Aroma überhaupt beschrieben. Wie die Feige zu ihrem portugiesischen Sortennamen 'Bebera' kam, ist nicht sicher. Übersetzt heißt er soviel wie „schlucken" oder „trinken", Die dunkelviolett bis schwarz gefärbten Früchte sind kaum 30 g schwer und werden bei uns im September bis Oktober reif. Ihr Fruchtfleisch ist orange- bis rosafarben. Die siebenlappigen Blätter sind am Rand sehr unregelmäßig gezackt bis gewellt und von rauer Oberfläche. Deren Färbung ist blaugrün.

'Black Bebera' wächst sehr langsam und neigt extrem zur Bildung von Wurzelschösslingen. Auf Madeira wächst die Sorte daher eher buschig als baumförmig und sie wird auch dort kaum 3 m hoch. In Mitteleuropa ist von einer Auspflanzung ins Freiland abzuraten. Der kompakte Wuchs und die Empfindlichkeit gegenüber allzu starkem Dauerfrost sprechen für die Kultur im Kübel. Außerdem ist die Sorte sehr wärmebedürftig und wartet im Frühjahr länger als die meisten anderen Feigenvarietäten mit dem Blattaustrieb.

Black Mission

Synonyme: Albacora, Aubergine, Beers Black, Franziskanerfeige

Typ: Hausfeige

Die „schwarze Missionarsfeige“ wurde 1768 von spanischen Franziskanermönchen mit nach San Diego (Kalifornien) gebracht. Noch heute ist sie eine der beliebtesten Sorten in den USA. Dort kommt sie besonders in den niederschlagsärmeren, sonnenreichen Bundesstaaten vor. In Europa findet man sie ausgepflanzt nur in den wärmeren Mittelmeerregionen, dort hauptsächlich in Spanien, auf den Balearen und vereinzelt an der französischen Cote d'Azur. Die Bäume werden dann 3–4 m hoch und etwa genauso breit. Die Blätter sind fünflappig und unterschiedlich tief eingeschnitten.

In Mitteleuropa ist sie für die Freilandkultur zu kälteempfindlich. Selbst nach frostfreier Überwinterung ist mangels Wärmesumme in aller Regel auch nur mit einer Generation reifer Feigen je Saison zu rechnen, obwohl es sich um eine Hausfeige handelt. Diese reifen im September und sind dann bei einem Gewicht von 40–50 g glänzend dunkelviolett bis schwarz gefärbt. Das sehr süße, fast kernlose Fruchfleisch ist hingegen sehr hell.

Besonderheiten: Das spanische Synonym ‘Albacora’ bedeutet „weißer Thunfisch“, wahrscheinlich weil das ungewöhnlich blass hellrosafarbene Fruchtfleisch reifer Feigen dieser Varietät an das Fleisch des Thunfisches erinnert.

Brogiotto Bianco

Synonyme: Bourjassotte Blanche, White Barnissou, Panete Rotonda

Typ: Herbstfeige

Leider werden in Mitteleuropa sehr viele unterschiedliche grüne Feigensorten unter diesem Namen verkauft. Die italienische Ursprungssorte hat hellgrüne, lang gestielte Früchte mit einem weißlichen Belag. Ganz typisch ist auch deren Linsenform. Ihr Gewicht beträgt durchschnittlich 50 g, das Fruchtfleisch ist hellrot gefärbt. Stark abhängig von der Summe der Sonnenstunden sind ihr Aroma und der Zuckergehalt. Da die wärmeliebende Sorte unter mitteleuropäischen Bedingungen erst im September oder Oktober reift, erreichen deren Feigen nicht in jedem Jahr die gewünschte Süße. Die Blätter sind dreilappig und am Rand leicht gezähnt. Ausgepflanzte Bäume werden über 3 m hoch und neigen zur Ausbreitung durch Absenker. Wegen des raschen Wuchses ist diese Sorte nur bedingt für die Pflanzung im Kübel geeignet.

Besonderheiten: Diese traditionelle italienische Sorte ist auf zahlreichen historischen Gemälden und in botanischen Illustrationen zu finden. Auf Bartolomeo Bimbis berühmten Stillleben *Fichi*, welches sogar eine Sortenliste der gemalten Feigen zeigt, wird 'Brogiotto Bianco' mehrfach abgebildet.

Brogiotto Nero

Synonyme: Barnisotte, Bellegarde, Black Ischia, Bourjassotte Noire, Parisienne, Violette de Sollies

Typ: Herbstfeige

Eine alte italienische Sorte mit sehr großen, aber kurz gestielten, linsenförmigen Früchten. Diese erreichen ein Gewicht von bis zu 80 g und sind violett gefärbt, meist noch überzogen mit einem weißlichen Belag. Sind sie vollreif, bedarf es einer gewissen Vorsicht bei der Ernte, um die dünne Haut dieser Sorte nicht zu verletzen, da zwischen Zweig und Frucht kaum Platz zum Pflücken ist. Ihr Aroma wird im Charakter oft mit dem etwas bitteren Abgang bei Kirschen oder Mandeln verglichen. In Südeuropa können Bäume dieser Sorte bis zu 10 m breit und über 6 m hoch werden. In Mitteleuropa bleibt der Wuchs eher gedrungen, nicht zuletzt, da es nach strengen Wintern mangels ausreichender Winterhärte meistens zum Verlust der dünneren Äste kommt. Die Blätter sind fünflappig, unterschiedlich tief eingeschnitten und am Rand ungleichmäßig gezackt.

Aufgrund der geringen Winterhärte und der oftmals späten Fruchtreife im Oktober ist diese Sorte in Mitteleuropa vorzugsweise als Kübelpflanze zu empfehlen.

Besonderheiten: Aufgrund ihrer großen Ähnlichkeit wird 'Brogiotto Nero' oft mit der französischen Sorte 'Noire de Barbetane' verwechselt, jedoch sind deren Früchte etwas rundlicher und langstieliger. Eine Unterscheidung anhand des Laubes ist aufgrund der nicht einheitlichen Blätter innerhalb jeder Sorte sehr schwierig.

Brown Turkey

Synonyme: Blaue Pfälzer Fruchtfeige, Bornholm, Brown Italian, Brown Naples, Common Blue, English Brown Turkey, Everbearing, Italian Brown Turkey, Laradek, Large Blue, Lee's Perpetual, Negro Largo, Szilva

Typ: Hausfeige

Sehr schnell wachsende, ausladende Bäume oder Sträucher von 4 – 6 m Höhe und 2 – 4 m Breite mit nicht sehr tief eingeschnittenen, drei- bis fünflappigen Blättern, deren Größe stark variieren kann. Die birnenförmigen Blühfeigen (oben) reifen von Juni bis Juli und sind goldbraun gefärbt. Ihr Gewicht schwankt je nach regionaler Herkunft zwischen 50 g und selten über 100 g. Die wesentlich kleineren aber zahlreicheren Herbstfeigen (unten) können je nach Wetterlage ab September bis Ende Oktober reifen. Sie sind rundlicher als die Blühfeigen und bei Vollreife dunkelviolett gefärbt. Ihr Gewicht beträgt 30 – 40 g.

Besonderheiten: Es gibt wohl keine andere Feigensorte, die weltweit, besonders in den kühleren Regionen, so verbreitet ist wie 'Brown Turkey'. Dies führte in den letzten Jahrhunderten zu einigen regional leicht abweichenden Varietäten.
Ihre größten Stärken sind die Anpassungsfähigkeit und Robustheit. Über die Winterhärte gibt es sehr unterschiedliche Meinungen. Dabei spielt die Herkunft der Pflanzen eine große Rolle. Ein weiterer Grund für den großen Beliebtheitsgrad bis in Gegenden der Nordhalbkugel, ist die Fähigkeit der schnellen Regeneration nach strengen Wintern. Ausgewachsene Bäume können auch in Mitteleuropa an die 100 kg Früchte in einer Saison produzieren. Eine Zeitungsumfrage im Jahr 2013 ergab, dass über 80 % der geschätzten 80 000 Feigenbäume in Rheinland-Pfalz der Sorte 'Brown Turkey' angehören.

Brunswick

Synonyme: Braunschweig, Brown Hamburg, Castle Kennedy, Clementine, Hannover, Magnolia

Typ: Hausfeige

Diese Feigensorte wurde nach der Stadt Brunswick (altdeutsch: Brunswiek; englisch und französisch für Braunschweig) benannt. 'Brunswick' ist eine der ersten Feigensorten überhaupt, die im mitteleuropäischen Raum kultiviert wurde. Bereits im 12. Jahrhundert soll Heinrich der Löwe, damals Herzog von Bayern und Sachsen, sie von einer Schlacht aus Norditalien mitgebracht haben.

Weitere Synonyme wie 'Hamburg' oder 'Hannover' deuten schon darauf hin, dass es sich offenbar um eine Feigensorte handelt, die auch in kühleren Regionen ohne Weinbauklima kultiviert werden kann. Eine Eigenschaft, die dort zu ihrer großen Beliebtheit führte, ist sicherlich die gute Winterhärte. Temperaturen von unter −15 °C werden länger toleriert, als bei den meisten anderen Varietäten.

Ebenfalls von großem Vorteil ist, dass die ersten reifen Feigen bei 'Brunswick' manchmal schon Anfang Juni geerntet werden können, also zu einer Jahreszeit, in der sonst außer ein paar Erdbeeren und vielleicht ein paar frühen Kirschen kaum Obst aus dem eigenen Garten zu erwarten ist. Die Blühfeigen (großes Bild) sind bei einem Gewicht von bis zu 120 g von hervorragendem Geschmack, jedoch nicht sehr zahlreich. Ihre Färbung reicht je nach Reifegrad von Gelbgrün bis Apricot mit dunkelroten Längsstreifen. Das rote Fruchtfleisch ist beinahe kernlos. Von August bis Oktober folgt eine zweite Feigengeneration mit weitaus rundlicheren Herbstfeigen (Bild Seite 65 unten). Diese wiegen „nur" um die 70 g, sind aber wesentlich zahlreicher vorhanden. Der Geschmack ähnelt sehr dem der Blühfeigen.

'Brunswick' wächst nicht übermäßig schnell, kann bei guten Standortbedingungen aber auch in Mitteleuropa 5 m hoch und breit werden. Die handförmig gelappten Blätter sind schwach gezackt bis glattrandig.

Besonderheiten: Die Sorte wird sehr oft mit den beiden Hausfeigen 'Madeleine des deux Saisons' und 'Dalmatie' verwechselt. Es scheint auch Teilpopulationen von 'Brunswick' zu geben, deren Herbstfeigen nicht immer selbstfruchtend sind und daher vorzeitig abfallen. Ob es sich dabei um zweierlei Zuchtlinien handelt oder um standortspezifische Reaktionen ist nicht sicher.

Dalmatie

Synonyme: Birnenfeige, Blanche Navello, Dalmatian, Du Japon, Grüne Pfälzer Fruchtfeige

Typ: Hausfeige

Selten auftretende, nicht-parthenokarpe und somit ungenießbare Frucht von 'Dalmatie', deren langgriffelige weibliche Blütenstände kein saftiges Fruchtfleisch bilden.

Sehr robuste Feigensorte, die aufgrund ihrer guten Winterhärte in Mitteleuropa eine der beliebtesten grünfruchtigen Varietäten für die Kultur im Freiland ist. Da sie kaum höher als 2 m und auch kaum breiter als 2,50 m wird, gedeiht 'Dalmatie' auch in kleineren Gärten oder als Kübelpflanze sehr gut. Ihre meist fünflappigen Blätter sind sehr tief eingeschnitten und können bei besonders nährstoffreichem Substrat fast 30 cm lang werden. Die im Juni und Juli reifenden Blühfeigen (Bild Seite 66) sind bis zu 100 g schwer und birnenförmig. Von September bis Oktober folgt eine etwas rundlicher geformte Feigengeneration, deren größte Früchte über 170 g schwer werden können. Das purpurrote Fruchtfleisch beider Generationen ist von ausgezeichnetem Geschmack. Aufgrund der hohen Süße und dem fruchtigen Aroma wird es gerne mit Erdbeerkonfitüre verglichen.

Manchmal kommt es vor, dass 'Dalmatie' anstatt der schmackhaften Blühfeigen im Juni einige Früchte oder gar eine ganze Generation nicht-parthenokarper und somit ungenießbarer Holzfeigen bildet. Dieses Phänomen tritt besonders nach langen Wintern auf. Durch die geringe Oberfläche der filigranen Blätter kommt diese Sorte besonders gut mit länger anhaltenden Trockenphasen zurecht. Das dürfte auch ein Grund für ihre weite Verbreitung in den südosteuropäischen Ländern mit niederschlagsärmerem Kontinentalklima sein. Das erklärt auch den Sortennamen 'Dalmatie', die französische Bezeichnung für eine Region an der adriatischen Ostküste, das beliebte Reiseziel Dalmatien.

Besonderheiten: Eine im Wuchs etwas kleiner bleibende Varietät von 'Dalmatie', deren Früchte jedoch sogar eher noch größer werden, wurde von einem Pfälzer Hobbygärtner bereits in den 1980er-Jahren vom ungarischen Plattensee nach Deutschland mitgebracht und ist seither besonders im südwestdeutschen Raum als „Grüne Pfälzer Fruchtfeige" bekannt. Besonders in den USA und in Großbritannien wird die Sorte fälschlicherweise unter dem Sortennamen 'Brunswick' gehandelt.

Dauphine

Synonyme: Adam, Big July, Big Violet, Boule d'Or, Grise de Tarason, Mussega Negra

Typ: Hausfeige

'Dauphine' zählt weltweit zu den beliebtesten Feigensorten und wird wegen ihres hohen Ertrages auch häufig im kommerziellen Feigenanbau kultiviert. Die Blühfeigen (großes Bild) reifen bereits im Juni, nach längeren Wintern in Mitteleuropa auch später. Sie sind fast kugelrund und sehr kurz gestielt, was die Ernte etwas erschwert. Die Früchte sind gelbgrün bis grünviolett gestreift. Wie bei kaum einer anderen Feigensorte ist die Färbung reifer Früchte je nach Boden und Klimabedingungen sehr veränderlich. Unter normalen Bedingungen erreichen die Früchte ein Gewicht von 100–120 g, im kommerziellen Anbau mit systematischer Düngung sind 200 g schwere Früchte keine Seltenheit. Das Fruchtfleisch ist nicht besonders aromatisch und bernstein- bis rosafarben. Die kleineren Herbstfeigen (kleines Bild) sind etwa 60 g schwer und bei Vollreife dunkelviolett bis fast schwarz gefärbt. Ihr Aroma ist wesentlich feiner, bei höherem Zuckergehalt. Sie reifen von September bis Oktober. Ungewöhnlich ist, dass bei 'Dauphine' die größeren Blühfeigen im Juni / Juli sogar zahlreicher sind als die Herbstfeigen.

Die Wuchsform der Pflanze ist eher buschig als baumartig. Da sie sehr dicht wächst und im Laufe der Jahre eine Breite von über 8 m erreichen kann, jedoch kaum höher als 3 m wird, ist ein regelmäßiger Rückschnitt unbedingt notwendig. Die schwach gezähnten Blätter sind fünflappig und wenig tief eingeschnitten.

Besonderheiten: Der hohe Ernteertrag bei den Blühfeigen macht 'Dauphine' weltweit zu einer populären Feigensorte, was unterstützt durch ihre sehr variable Färbung für viele Regionalnamen sorgte. Bei 'Dauphine' kommt es häufiger als bei anderen Feigensorten zu starkem Schildlausbefall.

Desert King

Synonyme: Charlie, King, White King

Typ: San-Pedro-Feige

Eine seit den 1930er-Jahren in Kalifornien, später auch in kühleren Regionen der USA kultivierte San-Pedro-Feige. Sie produziert in Mitteleuropa nur eine Generation essbarer Blühfeigen, im Juli und August. Diese sind hellgrün, lang gestielt tropfenförmig und von ausgezeichnetem Geschmack. Ihr Aroma ähnelt etwas dem von Maulbeeren. Das rosafarbene Fruchtfleisch hat nur wenige Kerne. Die mittelgroßen Früchte wiegen 40–50 g und sind besonders in den ersten 5 Jahren nicht sehr zahlreich. Junge Bäume neigen die ersten Jahre zu extremem Höhenwuchs mit wenigen Seitenaustrieben aber umso dickerem Haupttrieb. Nach 8 bis 10 Jahren erreichen sie ihre Maximalgröße von bis zu 4 m Höhe und Breite. Die Blätter sind drei- bis fünflappig und nahezu glattrandig.

Besonderheiten: Aufgrund des hohen Zuckergehaltes wird 'Desert King' in den USA überwiegend zur Weiterverarbeitung als Trockenfeige kommerziell angebaut. In Mitteleuropa ist sie nicht sehr verbreitet. Der Sortenname hält vielleicht so manchen Hobbygärtner von der Kultur ab (Desert King = Wüstenkönig). Tatsächlich sind die dünnhäutigen Früchte kurz vor der Reife sehr empfindlich gegen Starkregen. Ihre Winterhärte wird nordamerikanischen Berichten zufolge aber als sehr gut eingestuft. Mehrere Wochen lang anhaltender Dauerfrost unter −10 °C scheint kein Problem für diese Varietät zu sein.

Dorée

Synonyme: Goldtropfen, Goutte d'Or

Typ: Hausfeige

Diese französische Feigensorte wird schon seit der Barockzeit in europäischen Gärten kultiviert. Sie wurde erstmals von Merlet im Jahr 1667 beschrieben. Noch bis heute ist sie eine der beliebtesten Feigensorten, da ihr äußerst kompakter Wuchs auch Liebhabern mit sehr kleinen Gärten die Möglichkeit zur Kultur eines Feigenbaumes ermöglicht. Selbst nach 10 Jahren ist ein ausgepflanzter Baum dieser traditionellen Sorte kaum höher und breiter als 2 m. Ausgewachsene Bäume sind bis zu 3 m hoch und 3–4 m breit. Diese Eigenschaft macht sie natürlich auch zu einer der am besten geeigneten Feigenbäume für die Kultur im Topf, in der sie noch kompakter wachsen und dennoch reichlich Fruchtertrag bringen. Ihre Blätter sind fünf- bis siebenlappig, sehr tief eingeschnitten und am Rand unregelmäßig gewellt bis gezackt. Mit etwa 15 cm Länge zählen sie zu den eher kleineren Feigenblättern.

Die erste Generation der Blühfeigen (Bild unten) erscheint im mitteleuropäischen Klima relativ spät, manchmal erst im August. Die Früchte sind nicht sehr zahlreich, aber bis zu 100 g schwer. Deren Färbung ist Gelb bis Goldbraun. Das Fruchtfleisch ist rosafarben. Besonders bei jüngeren oder ausgepflanzten Bäumen in kühleren Regionen kann es sein, dass nur Herbstfeigen (Bild Seite 70 oben) gebildet werden. Diese reifen von September bis Oktober, sind etwas rundlicher, gelb bis goldbraun gefärbt und wiegen nur etwa 70 g. Ihr Fruchtfleisch ist honigfarben, was bei der Sorte wohl zu den Namen 'Goldtropfen' führte. 'Dorée' zählt zu den winterhärtesten Feigensorten und toleriert kurzzeitig Temperaturen unter –15 °C.

Besonderheiten: Leider sind die Herbstfeigen bei 'Dorée' besonders empfindlich gegen Feuchtigkeit. Längere Regenperioden oder allzu früher Kälteeinbruch im Herbst führen schnell zu Befall durch *Monilinia* bzw. *Monilia* (Fruchtfäule). Dieser Pilz dringt besonders in verletzte Früchte ein und führt zu Fäulnis. Da das Ostiolum bei reifen Herbstfeigen von 'Dorée' weit geöffnet ist, wird hier dem Pilz das Eindringen in das Fruchtinnere besonders leicht gemacht, von wo aus er sich rasch über die ganze Frucht ausbreitet.

Grisette

Synonyme: Blue Celeste, Célestine, Cotignane, Gray Celeste, Graue Madeleine, Grise de Saint Jean

Typ: Hausfeige

Die braune Verfärbung erinnert an eine Kapuzinerhaube, was bei dieser Feigensorte zum Synonym 'Kapuzinerfeige' führte.

Sehr wüchsige Feigensorte, die in wärmeren Regionen über 6 m hoch und 10 m breit werden kann. Die Blätter sind drei- bis fünflappig und kaum eingeschnitten. Einzelne Blätter sind sogar gänzlich ungelappt. Diese können manchmal einen Durchmesser von 30 cm erreichen.

Die bis 45 g schweren, blaugrau gefärbten Blühfeigen (Bild Seite 71) erscheinen im Juli. Sie sind nach milden Wintern sehr zahlreich und gelten geschmacklich als eine der besten früh reifenden Feigen überhaupt! Die ebenfalls blaugrau gefärbten Herbstfeigen (oben) erscheinen von September bis Oktober. Sie sind etwas kleiner, wiegen nur 30–40 g und sind ebenfalls sehr süß und aromatisch. Beide Generationen werden häufig zur Herstellung von Trockenfrüchten verwendet. Zwar hat diese Feigensorte keinen allzu guten Ruf, was die Winterhärte angeht, jedoch gibt es inzwischen auch einige über 20 Jahre alte Baumbestände in Mitteleuropa. Ein Baum in einem kurpfälzischen Hinterhof erreichte eine Höhe von über 4 m bei einer Breite von etwa 5 m. Aufgrund der geschützten Lage trägt er nahezu in jedem Jahr Blühfeigen.

Besonderheiten: Die große Oberfläche der manchmal riesigen Blätter sorgt in den Sommermonaten für eine starke Verdunstung, sodass bei 'Grisette' besonders auf regelmäßiges Gießen geachtet werden muss. Auffällig ist auch, dass bei dieser Sorte sehr häufig der Feigenmosaikvirus (FMV) ausbricht.
Ein bräunlicher, etwa 1 Euro-Stück großer Kreis an der Basis reifer Feigen dieser Sorte verhalf ihr regional zu dem Namen „Kapuzinerfeige“, da er an die Kopfbedeckung des Mönchsordens erinnert. Da der braune Fleck das Ostiolum umschließt, wird er irrtümlich oft als beginnende Fruchtfäule gedeutet.

Honey Heart

Synonyme: Encanto Honey, Encanto Brown Turkey

Typ: Hausfeige

Klein aber fein: Die seltenen, spät erscheinenden Blühfeigen (links) von 'Honey Heart' erinnern im Aroma an Aprikosen und sind geschmacklich intensiver als die Herbstfeigen (rechts).

'Honey Heart' ist eine langsam wachsende Feigensorte aus Kalifornien, die kaum höher als 2,50 m wird. Dennoch wächst sie eher baum- als strauchartig und fällt durch ihr ungewöhnliches Laub auf. Die Blätter sind 10–15 cm lang und von derber, fast hartlaubiger Struktur. Einige sind völlig ungelappt und am Rand auffällig gezackt, andere sind schwach dreilappig mit nahezu glattem Rand. Ebenso unterschiedlich können die kleinen, höchstens 15 g schweren Früchte ausfallen. Besonders bei den Herbstfeigen (rechts), die von September bis in den November hinein reifen können, reicht die Färbung reifer Früchte von Gelborange bis Dunkelviolett. Deren Fruchtfleisch ist zartrosa gefärbt und von mittlerer Qualität. Nur in wärmeren Klimaten mit frostfreien Wintern bildet die Sorte regelmäßig Blühfeigen (links). In Mitteleuropa sind diese überwiegend bei Kübelpflanzen mit frostfreier Überwinterung zu erwarten. Bei ausgepflanzten Bäumen erscheinen sie selten – und dann erst im August. Der Geschmack des apricot- bis honigfarbenen Fruchtfleisches ist viel intensiver als bei den Herbstfeigen.

'Honey Heart' gilt als nicht besonders winterhart und braucht viel Wärme zum Ausreifen der Früchte. Sie eignet sich eher als Kübelpflanze. Freilandpflanzungen sollten bei Dauerfrost unter −5 °C besonders vor zusätzlichem trocken-kaltem Wind geschützt werden, etwa mit Schilfmatten oder Vlies.

Besonderheiten: Die kleinen Feigen haben auch im vollreifen Zustand eine verhältnismäßig dicke, stabile Haut ohne Längsrisse, wie sie bei vielen anderen Feigensorten typisch ist. Daher werden sie von unliebsamen Insekten wie Wespen weitgehend verschont. Längere Regengüsse bleiben ebenfalls ohne direkte Folgen. Allerdings bevorzugen echte Feigen-Gourmets, diese Feigen ohne Haut zu verzehren, etwa durch Auslöffeln des Fruchtfleisches.

Israel

Synonyme: keine bekannt

Typ: Hausfeige

Die über 8 cm langen Blühfeigen sind nur teilweise mit Fruchtfleisch ausgefüllt und daher verhältnismäßig leicht.

Selbst kleinste Bäume dieser Sorte haben zumeist reichhaltigen Fruchtansatz.

Eine Feigensorte aus Israel, die nur sehr kleine Bäume oder Sträucher bildet. Es gibt in Mitteleuropa ausgepflanzte Exemplare, die bei besten Bedingungen selbst nach 5 oder mehr Jahren kaum 1 m Wuchshöhe erreicht haben. Da die Sorte jedoch umso stärker zum Austrieb vieler Wurzelschösslinge neigt, wächst sie ohne Erziehungsrückschnitt schnell unkontrolliert in die Breite. Die fünflappigen Blätter sind kaum handtellergroß. Die Blühfeigen erscheinen im Juli bis August, sind dunkelrot bis schwarz gefärbt und tropfenförmig. Trotz ihrer Größe wiegen sie kaum 100 g, da sie im Inneren nicht vollständig mit Fruchtfleisch ausgefüllt sind. Ihr Aroma ist nicht sehr intensiv und von mittlerer Süße. Die ebenfalls fast schwarzen Herbstfeigen reifen im September bis Oktober, sind etwas kleiner und rundlicher, jedoch sehr viel aromatischer und zahlreicher.

Besonderheiten: Die Sorte 'Israel' ist eine ideale Feige für die Kultur im Topf, da sie langsam wächst und auch als kleines Bäumchen erstaunlich viele Feigen ausbildet. Bei frostfreier Überwinterung können selten sogar drei Feigengenerationen je Saison geerntet werden.

Lussheim

Synonyme: keine bekannt

Typ: (sehr frühe) Herbstfeige

Diese robuste Feigensorte wächst auch ohne jeden Erziehungsschnitt rasch zu stattlichen Hochstämmen heran, denn junge Bäume neigen dazu, sich erst ab etwa 1 m Höhe zu vergabeln. Aufgrund ihrer besonderen Winterhärte und des starken Wuchses stehen auch in Mitteleuropa Exemplare von über 5 m Höhe und 4 m Breite. Deren Blätter sind fünf- bis siebenlappig und tief bis sehr tief eingeschnitten. Die grünen Früchte sind extrem langstielig und 30–35 g schwer. Sie reifen bereits im Juli. Ihr Fruchtfleisch ist lachsfarben, von sehr süßem Aroma und enthält viele Kerne. Reife Früchte bekommen feine, weiße Risse auf der Hautoberfläche (Bild rechts).

Besonderheiten: Der Ursprung dieser Feigensorte konnte nicht vollständig zurückverfolgt werden. Sie wurde vermutlich kurz nach dem Zweiten Weltkrieg aus Südosteuropa ins kurpfälzische Altlußheim gebracht. Dort entwickelte sie sich im Laufe der Jahrzehnte zu einem riesigen Baum, der auch strenge Winter überdauerte. Seit den 1990er-Jahren wurden daher vermehrte Pflanzen vielerorts an exponierten Standorten ausgepflanzt, was die ausgezeichnete Winterhärte bestätigte. Da selbst nach intensiver Suche keine vergleichbare Feigensorte in der Literatur zu finden war, wurde sie nach ihrem Standort ‘Lussheim’ benannt.

Madeleine des deux Saisons

Synonyme: Angélique, Early Lemon, Madeleine of two Seasons

Typ: Hausfeige

Mit „zweimal je Saison tragende Starke" kann man den Sortennamen dieser alten französischen Fruchtfeige übersetzen. Und das hat seinen Grund: Nicht nur, dass sie auch in kühleren Regionen Mitteleuropas fast in jedem Jahr zweimal reife Früchte trägt, sie gilt zudem auch als eine der winterhärtesten Sorten überhaupt. Erstmals wurde sie 1667 vom französischen Botaniker Jean Merlot als „gelbe Birne, genannt Angélique." beschrieben.

Die aufrecht wachsenden Bäume können bis 4 m hoch und über 5 m breit werden. Ihre Blätter sind sehr unterschiedlich groß und tief eingeschnitten, jedoch überwiegend fünflappig und glattrandig. Unter den Feigenfrüchten, die im mitteleuropäischen Klima überhaupt geerntet werden können, gehören die Blühfeigen (oben) von 'Madeleine des deux Saisons' zu den allerfrühesten im Jahr. Nach milden Wintern können schon Anfang Juni die ersten Feigen reifen. Deren Gewicht schwankt zwischen 100 und 120 g, es wurden bei ausgewachsenen Bäumen aber auch schon Rekordfrüchte mit bis zu 250 g Gewicht je Frucht geerntet! Deren Färbung reicht von Goldgelb bis Braun, oftmals durchzogen von dunkelroten Längsstreifen. Das Fruchtfleisch ist hellrosafarben und von ausgezeichnetem Geschmack. Die Herbstfeigen (Bild Seite 77) erscheinen von September bis Oktober, sind kleiner und zunächst rundlich, voll ausgereift jedoch etwas abgeflacht. Ihr Gewicht beträgt 70 – 80 g. Die

Färbung reicht von Goldbraun bis Violett. Das Fruchtfleisch ist etwas dunkler als bei den Blühfeigen, im Geschmack jedoch sehr ähnlich.

Zwischen den beiden essbaren Feigengenerationen erscheinen häufig nicht vollständig parthenokarpe, gelbe Früchte, die unreif vom Baum fallen. Dies löste schon bei so manchem Hobbygärtner große Besorgnis aus, hat mit der Pflege des Feigenbaumes jedoch nichts zu tun.

Besonderheiten: Ihre große Ähnlichkeit mit anderen Hausfeigensorten führt oft zu Verwechslungen. Zeitweise wurde sogar diskutiert, ob die Sorten 'Brunswick' und 'Madeleine des deux Saisons' identisch sind. Diese Vermutung konnte jedoch inzwischen mehrfach widerlegt werden. In den USA wird verbreitet eine völlig andere Feigensorte mit kleinen, grünen Früchten als 'Madeleine des deux Saisons' beziehungsweise 'Madeleine of two Seasons' angeboten.

Martinsfeige

Synonyme: keine bekannt

Typ: Herbstfeige

Die ‘Martinsfeige’ ist eine der winterhärtesten Echten Feigen mit dunkler Frucht, benannt nach der südpfälzischen Gemeinde Sankt Martin. Sie wächst dort vielerorts in völlig exponierter Lage, etwa auf einem stillgelegten Weinberg, mit Ausmaßen, die man außerhalb des Mikroklimas einer geschlossenen Ortschaft sonst nur aus Südeuropa kennt.

Auch in Mitteleuropa kann eine Höhe von 4–5 m und eine Breite von über 6 m erreicht werden. Die Blätter sind fünflappig und glänzend. Die fast schwarzen, runden Feigen reifen ab August und sind bei einen Gewicht von 10–15 g nicht besonders groß, aber sehr aromatisch. Ihr Fruchtfleisch ist himbeerfarben.

Der Baum neigt schon jung zur Bildung von Bodenschösslingen und verzweigt sich auch ohne Schnitt sehr stark. Zur Steigerung des Fruchtertrages ist daher ein jährliches Auslichten der Konkurrenzzweige zu empfehlen.

Besonderheiten: Da die ‘Martinsfeige’ schon als Jungpflanze sehr viele Fruchtansätze bildet und sich reich verzweigt, ist sie auch gut für die Kultur im Topf geeignet.
Auf den ersten Blick ähneln die Früchte der französischen Gourmetfeige ‘Ronde de Bordeaux’, sie unterscheiden sich von dieser aber deutlich im Geschmack. Zudem fehlt der ‘Martinsfeige’ die bei der dünnhäutigen Bordeauxfeige typische Rissbildung. Die kleinen, dunklen Früchte der ‘Martinsfeige’ sind ideal für den Dörrautomaten.

Mussega

Synonyme: Cougourdan, Königsfeige, Sucre Vert, Grüner Zucker

Typ: Herbstfeige

Erstmals 1826 von dem aus Nizza stammenden Apotheker und Botaniker Antoine Risso als 'Mussega' beschrieben, kannte man die gleiche Fruchtfeige in den alpinen Regionen Frankreichs eher unter dem Namen 'Sucre Vert', also „grüner Zucker". Dort wurde sie häufig zwischen Rebstöcken auf Weinbergen kultiviert. Ihr Wuchs ist reich verzweigt und eher buschig als aufrecht baumförmig. In den Weinlagen Mitteleuropas erreichen die Exemplare eine Höhe von 2,50–3 m bei einer Breite bis zu 4 m. Die glänzenden Blätter sind meist fünflappig, können sich jedoch, obwohl am selben Baum hängend, stark unterscheiden.

Die grünen, bis zu 70 g schweren Früchte sind sehr süß, so süß, dass der charakteristische Feigengeschmack manchmal sogar etwas ins Hintertreffen gerät. Je vollreifer die Früchte sind, desto abgeflachter werden sie. Zudem bilden sich viele Risse auf der Haut.

Besonderheiten: Die 'Mussega'-Feige ist eine der wenigen grünen Feigensorten, deren Aroma auch beim vollständigen Verzehr der Frucht mit Haut kaum beeinträchtigt wird. Viele andere grüne Sorten hinterlassen dann oft einen als „grasig bis bitterlich" umschriebenen Beigeschmack.

Negronne

Synonyme: Angélique Noire, Petite Aubique, Rubado, Violette de Bordeaux

Typ: Hausfeige

Bereits im Jahr 1692 wurde diese besondere Feigensorte von dem passionierten Gärtner Jean Baptiste de la Quintine beschrieben. Er war damals unter Ludwig dem XIV. im Schlossgarten zu Versailles für die Kultur der Obst- und Gemüsesorten verantwortlich. Neben anderen Feigensorten wurde dort auch die wahrscheinlich aus Spanien stammende Sorte 'Negronne' erfolgreich kultiviert.

Bis heute gilt sie als eine der schmackhaftesten und winterhärtesten Varietäten und produziert in West- und Mitteleuropa auch in Freilandkultur gleich zwei Generationen Feigen je Saison. Während die Bäume in Südeuropa über 4 m hoch und bis zu 6 m breit werden, erreichen sie in unseren Breiten jedoch nur selten mehr als 2–3 m Höhe. Auffällig sind die glänzenden Blätter, deren Form von völlig ungelappt bis tief eingeschnitten fünflappig fast alle Facetten eines Feigenblattes auf ein und demselben Baum aufweisen können. Besonders jüngere Pflanzen tragen manchmal ausschließlich ungelappte Blätter, sodass man meint, einen Maulbeerbaum (*Morus*), nicht jedoch eine Fruchtfeige vor sich zu haben.

Die Blühfeigen (oben) erscheinen im Juni und Juli, sind ausgereift tiefschwarz gefärbt und sehr aromatisch. Der Geschmack des burgunderroten Fruchtfleisches erinnert aufgrund des Zusammenspieles leicht bitterlicher und extrem süßer Aromen etwas an Pflaumenmus. Ihr Gewicht beträgt maximal 45 g. Im September reift die zweite Generation mit etwas rundlicheren, 30–40 g schweren Früchten heran. Diese sind nicht ganz so tief schwarz gefärbt, jedoch ebenso aromatisch wie die Blühfeigen, vorausgesetzt die Wetterbedingungen stimmen noch. Bei Dauerregen fallen die dünnhäutigen Früchte schnell Grauschimmel zum Opfer. Die kleinen, sehr süßen Früchte eignen sich natürlich auch hervorragend für den Dörrautomaten, sollten jedoch vor dem Trocknen aufgeschnitten werden, um giftigem Schimmelbefall im Feigeninneren vorzubeugen.

Besonderheiten: Zwar gilt 'Negronne' als besonders frosthart und kann kurzzeitig auch Temperaturen unter −10 °C überstehen, jüngere Bäume sollten dann jedoch unbedingt mit einem Winterschutz versehen werden, der besonders vor austrocknenden Winden schützt. Nach langen Wintern ist 'Negronne' eine der letzten Feigensorten, die austreibt. Das schützt sie vor Spätfrostschäden und spricht abermals dafür, eine geeignete Fruchtfeige für das mitteleuropäische Klima zu sein. Allerdings ist dann oftmals keine Blühfeigenernte zu erwarten.

Panachée

Synonyme: Melonenfeige, Gestreifte Zucchinifeige, Tiger, Limone, Princessa, Variegata

Typ: Herbstfeige

Besonderheiten: Manchmal „erinnert“ sich die Mutation an ihre grünen Wurzeln und bildet wieder ganze Zweige mit einfarbig grünen Früchten. Diese sollten möglichst bald entfernt werden. Das gleiche Phänomen kennt man in Mitteleuropa von einer alten, ebenfalls gelbgrün gestreiften Birnensorte, die wegen ihrer außergewöhnlichen Färbung „Schweizer Hose“ genannt wird.

Immer wieder wird diese gelbgrün gestreifte Feigenmutation als spektakuläre Neuzüchtung angeboten. Tatsächlich ist sie bereits im 17. Jahrhundert mehrfach beschrieben worden und sogar eindeutig auf Gemälden dieser Zeit zu erkennen. Das interessanteste Werk dürfte ein Stillleben des italienischen Malers Bartolomeo Bimbi sein. Auf seinem Gemälde *Fichi* (= Feigen) aus dem Jahr 1696 sind nebst vieler, bis heute bekannter „Feigenklassiker“ im Vordergrund mindestens zwei Früchte der Sorte ‘Panachée’ abgebildet.

Es gibt in Südfrankreich ausgepflanzte Bäume von über 5 m Höhe und fast 10 m Breite. Bei uns überdauern ausgepflanzte Exemplare jedoch nur in äußerst geschützter Lage der wärmsten Gebiete den Winter, da sie bei Temperaturen von −10 °C schon wesentliche Winterschäden davontragen. Daher ist bei dieser dekorativen Feige die Kultur im Kübel empfehlenswert. Dieser sollte aber ein Fassungsvermögen von 50 l oder mehr haben.

Die bis zu 60 g schweren, gelbgrün gestreiften Früchte haben ein kräftig rotes, sehr aromatisch-süßes Fruchtfleisch. Je reifer eine Frucht wird, desto mehr verblasst die kontrastreiche Streifenzeichnung. Die Feigenschale bleibt jedoch bis zur Vollreife sehr fest und schützt vor Wespen und vorzeitigem Aufplatzen bei Regen. Neueres Holz besitzt ebenfalls eine gelbgrüne Streifenzeichnung. Erst bei Bildung der typischen, grauen Rinde verliert sich diese. Die Blätter sind zuweilen sehr groß und glänzend. Sehr selten treten auch bei ihnen grün-weiß panaschierte Abschnitte auf. Auffällig ist auch, dass sich im Gegensatz zu den meisten anderen Feigensorten das Holz der panaschierten Feige kaum biegen lässt.

Pastilière

Synonyme: Hirta du Japon, Japanische Feige, Rouge de Bordeaux

Typ: (sehr frühe) Herbstfeige

Obwohl diese Feigensorte bei ihrer Erstbeschreibung im Jahr 1845 vom italienischen Botaniker Guglielmo Gasparrini als *Ficus hirta*, also „Raue Feige" bezeichnet wurde, setzte sich der ab Ende des 19. Jahrhunderts aus Frankreich kommende Sortenname 'Pastilière' bis heute durch. Gasparrini lag bei seiner Namensauswahl jedoch durchaus richtig. Es sind die ungewöhnlich vielen Pflanzenhaare auf der Oberfläche, wodurch sich das Blatt dieser Feigensorte bei Berührung rau anfühlt. Das wirkt sich auch auf die Blattfarbe aus: Das sonst bei Feigenblättern typische Dunkelgrün hat hier einen leichten Blaustich. Eine weitere Besonderheit ist, dass diese Feigensorte als einzige keinerlei Bodenschösslinge bildet, also von Natur aus baumförmig wächst. Sie bleibt mit einer Wuchshöhe von 2–3 m auch sehr kompakt. Diese Eigenschaft hat sie zu einer der beliebtesten Feigensorten gemacht.

Im Frühjahr blähen sich bei 'Pastilière' zunächst eine Vielzahl von nicht essbaren Holzfeigen des Vorjahres auf, bevor sie schließlich halb vertrocknet abfallen. Darauf folgen dann die bereits Ende Juli oder Anfang August ausreifenden, blaugrauen Früchte. Ihr Gewicht liegt bei etwa 60 g. Sie sind zwar nicht besonders süß, gelten wegen ihres feinen Aromas bei Feinschmeckern jedoch trotzdem als

Delikatessfeigen. Da sie erst dann ihren vollen Geschmack entfalten, wenn an der extrem dünnen Haut ihre charakteristische Rissbildung zu sehen ist, müssen diese Feigen unmittelbar nach dem Ernten verzehrt werden. Eine Lagerung ist hier nicht möglich.

Besonderheiten: Welche Aufgabe die vermehrte Blattbehaarung bei 'Pastilière' hat, ist nicht ganz sicher. Ähnlich wie beim bekannten Lotos-Effekt könnte sie der Wasserabweisung dienen. Diesbezüglich sind die Früchte jedenfalls sehr empfindlich! Wie bei keiner anderen Feigensorte können sie kurz vor der Reife stehend bei Dauerregen fast vollständig abfallen.
Zwar gilt 'Pastilière' als eine der winterhärtesten Feigensorten, aufgrund ihrer Empfindlichkeit gegenüber Feuchtigkeit empfiehl es sich jedoch, einen möglichst geschützten, vielleicht sogar teilüberdachten Standort für die Freilandkultur auszusuchen.

Aufgrund der dünnen, rissigen Haut sind die Früchte von 'Pastilière' weder transport- noch lagerfähig.

Pingo de Mel

Synonyme: Pingo de Miel, Drop of Honey, Honigtropfen, Honigfeige

Typ: Herbstfeige

Besonders im sonnenverwöhnten Portugal und Spanien ist der „Honigtropfen“ unter den Feigen weit verbreitet. Dort werden die eher aufrecht wachsenden Bäume bis zu 4 m hoch und breit. In Mitteleuropa erreichen ausgepflanzte Exemplare jedoch kaum mehr als 2,50 m Gesamthöhe, obwohl sie in den ersten zwei Jahren erstaunlich rasch wachsen. Die wenig eingeschnittenen, überwiegend dreilappigen Blätter haben einen schwach gezähnten Rand und sind bis zu 20 cm lang. Die gelbgrünen, im September reifenden Früchte sind fast kugelrund, sehr kurz gestielt und unterschiedlich groß, zumeist 30–40 g, in Einzelfällen jedoch über 70 g schwer. Ihr zuckersüßes Fruchfleisch ist fast kernlos und honigfarben, was in vielen Sprachen zu dem Sortennamen 'Honigtropfen' führte.

Das südwesteuropäische Hauptverbreitungsgebiet lässt schon ahnen, dass 'Pingo de Mel' nicht zu den winterhärtesten Feigensorten gehört. Tatsächlich ist sie in Mitteleuropa nur für die wärmsten Ecken entlang der großen Flüsse freilandgeeignet und ausgepflanzt nur sehr selten zu sehen. Doch bildet sie auch als Kübelpflanze reichlich Früchte aus. Voraussetzung ist hier ein nährstoffreiches Substrat und ein Topfvolumen von mindestens 30 l.

Besonderheiten: Eine ausschließlich aus dem Fruchtfleisch von 'Pingo de Mel' hergestellte Konfitüre besitzt ein unvergleichlich fruchtiges, bei Feinschmeckern hoch geschätztes Aroma.

Ronde de Bordeaux

Synonyme: Early Round of Bordeaux, Black of Bordeaux

Typ: Hausfeige

Die „runde aus Bordeaux“ ist eine traditionelle französische Feigensorte, die man aufgrund ihrer besonderen Robustheit auch in Mitteleuropa immer häufiger in Hausgärten sieht. Über 10 Jahre alte Exemplare können auch hier 3–4 m hoch und breit werden. In den wärmsten Ecken Mittel- und vor allem Südeuropas erreichen sie über 5 m Höhe und sogar 7 m Breite. Die dunkelgrünen Blätter sind zumeist fünflappig und überwiegend tief eingeschnitten.

In einigen Fachbüchern wird ‘Ronde de Bordeaux’ als Unifera, also nur einmal je Saison tragende Sorte bezeichnet. Tatsächlich bekommen besonders ältere Bäume bereits ab Juni einige wenige, aber sehr aromatische, fast schwarze Blühfeigen (Bild Seite 87). Diese sind fast 50 g schwer und tropfenförmig. Sie bilden sich in unseren breiten allerdings nur nach sehr milden Wintern. Die große Haupternte mit etwas kleineren, aber sehr zahlreichen, durchschnittlich 40 g schweren Herbstfeigen (Bild oben) folgt im August. Sie sind fast kugelrund und kurz gestielt. Die Färbung geht je nach Reifegrad von Bordeauxrot bis nahezu Schwarz. Sehr markant sind die zahlreichen feinen Risse in der Haut reifer Früchte. ‘Ronde de Bordeaux’ zählt aufgrund ihres fruchtig süßen, ausgewogenen Aromas weltweit zu den beliebtesten Feigensorten, die am liebsten direkt vom Baum als Frischfeigen verzehrt werden. Dennoch eignen sie sich auch hervorragend zum Trocknen.

Einen großer Vorteil für die mitteleuropäische Freilandkultur bietet die Sorte zum einen durch ihre gute Winterhärte: Sie erträgt kurzzeitig Temperaturen von

Blühfeige von 'Ronde de Bordeaux'.

unter −15 °C. Ein weiterer Pluspunkt ist sicherlich die bereits ab August reifende Haupternte. Selbst dann, wenn der eigentlich sonnenreichste Monat im Jahr einige verregnete Tage bringt, reift 'Ronde de Bordeaux' weiter.

Besonderheiten: In Bartolomeo Bimbis Gemälde *natura morta con fichi* (= Stillleben mit Feigen) aus dem Jahr 1696 werden über 30 sehr detailliert gemalte Feigensorten gezeigt. Eine in das Gemälde integrierte Liste liefert dazu ausschließlich italienische Sortennamen. Bei einer mit mehreren Früchten abgebildeten Feigensorte deutet Vieles darauf hin, dass es sich um die heute als 'Ronde de Bordeaux' bekannte Varietät handelt. Seit wann genau man sie in Europa kennt und woher sie ursprünglich kam, ist jedoch leider nicht dokumentiert.

In der Feigensaison 2015 brachten es einige in der Kurpfalz stehende Bäume der 'Ronde de Bordeaux' auf drei Ernten! Nach einem sehr milden Winter konnte man schon im Juni erste Blühfeigen ernten. Spitzentemperaturen von 37 °C sorgten dann im August für eine reichhaltige Haupternte. Nachdem der November dann auch noch frostfrei blieb und einige rekordverdächtige Sonnentage mit bis zu 20 °C brachte, waren die mediterranen Verhältnisse perfekt, sodass eine dritte Generation heranreifte. Das Aroma der Früchte hatte allerdings wenig mit dem der Sommerfeigen zu tun.

Samsun

Synonyme: Incir Patlican

Typ: Herbstfeige

Erst seit wenigen Jahrzehnten in Mitteleuropa kultivierte Feigensorte, deren Hauptanbauland die Nordtürkei ist. Türkische Einwanderer brachten sie aus der am Schwarzen Meer liegenden Region Samsun mit, nach welcher sie auch benannt wurde. Ein weiteres, dort gebräuchliches Synonym ist 'Incir Patlican', was übersetzt Aubergine-Feige bedeutet.

Die eher langsam wachsenden Bäume haben einen sehr dichten Wuchs und drei- bis fünflappige, zuweilen riesige Blätter. Mit 2–3 m Höhe und 3 m Breite bleiben sie eher klein, was sie für die kommerzielle Plantagenkultur jedoch zu einer bevorzugten Sorte machte. Nach kälteren Wintern ist ein Rückfrieren einjähriger Triebe selbst in den Weinbauregionen Mitteleuropas häufig. Dann bildet 'Samsun' umso mehr Bodenschösslinge, die es zu entfernen gilt. Die unvergleichlich aromatischen, bis 50 g schweren Früchte reifen erst ab Ende Sep-

'Samsun' ist eine optisch sehr ansprechende Feigensorte.

tember. Ist es warm genug, bekommen sie einen sehr hohen Zuckergehalt. Der ebenfalls hohe Anteil an Kernen verleiht ihnen ein ganz spezielles, leicht nussiges Aroma, das wie bei keiner anderen Feigensorte dem der getrockneten Früchte schon sehr nahe kommt. Die leuchtend violette Färbung reifer Früchte mit dem orangegelben „Kragen" am Stielende macht sie zu einer der schönsten Feigensorten überhaupt.

Besonderheiten: Zum Erlangen der Vollreife brauchen die Früchte möglichst viel Wärme und direktes Sonnenlicht. Damit sich die sehr wärmeliebende Varietät nicht allzu sehr selbst verschattet, muss sie deshalb wenigstens alle zwei Jahre kräftig ausgelichtet werden. Durch die großen Blätter benötigt sie im Sommer viel Wasser und sollte möglichst windgeschützt stehen. In kühleren Regionen ist 'Samsun' nicht für die Freilandkultur geeignet. Temperaturen unter – 10 °C führen rasch zu Frostschäden.

Sultane

Synonyme: Bellone Bifère, Dark Sultane, Grosse de Juillet, Noire de Juillet, Schwarze Julifeige

Typ: Hausfeige

'Sultane' ist eine aufrecht wachsende Feigensorte aus Südfrankreich. Ausgewachsene Bäume sind dort über 5 m hoch und bis zu 7 m breit, in Mitteleuropa jedoch kaum höher und breiter als 3–4 m. Die fünflappigen, tief eingeschnittenen Blätter haben ein sehr unterschiedliches Erscheinungsbild von glattrandig bis ungleichmäßig, zum Teil sehr asymmetrisch gewellt. Markant sind bei dieser Sorte auch die leicht magentafarben angehauchten Blatt- und Fruchtstiele sowie die Endknospen. Die fast schwarzen, etwa 60 g schweren Blühfeigen (Bild Seite 89) werden in Südeuropa bereits im Juli geerntet – daher auch das Synonym 'Schwarze Julifeige'. Im Gegensatz zu den meisten anderen Hausfeigensorten bildet 'Sultane' diese sehr zahlreich.

In Mitteleuropa reifen die Früchte eher im August, manchmal sogar erst im September. Sie sind birnenförmig und relativ lang gestielt. Die zweite, etwas kleinere Feigengeneration folgt schon kurz nach Ernte der letzten Blühfeigen. Deren Reifeprozess kann sich bei einzelnen Früchten bis weit in den November hinein ziehen. Sie sind kaum schwerer als 40 g, rundlich und sehr viel kürzer gestielt als die Blühfeigen. Deren Färbung reicht von Blauviolett mit einem weißlichen Belag bis Dunkelviolett. Das Fruchtfleisch ist bei beiden Feigengenerationen hellrot gefärbt und sehr aromatisch.

Besonderheiten: 'Sultane' bildet kaum Bodenschösslinge, verzweigt sich nur sehr zurückhaltend und muss daher seltener als andere Feigensorten ausgelichtet werden. In den ersten 2 Jahren empfielt es sich lediglich, ihre Höhe um ein Drittel zurückzunehmen, um ein Verzweigen anzuregen. Auffällig ist bei 'Sultane' auch, dass sie nach dem Auspflanzen zumeist 2 bis 3 Jahre lang ihre komplette Energie in das Wachstum des Holzes und der Wurzeln investiert, bevor sie zur Produktion erster Feigen kommt. Sie gilt als gut frosthart und ist auch in kühleren Regionen Europas als Gartenpflegling beliebt.
Als Kübelpflanze ist 'Sultane' wegen ihres raschen, sehr aufrechten Wuchses nur bedingt zu empfehlen. Es ist bei mitteleuropäischen Kulturen schon passiert, dass Feigenbäume dieser Sorte wetterbedingt aus dem Rhythmus kamen. Blühfeigen erschienen dann erst im Herbst, die eigentlichen Herbstfeigen im darauffolgenden Sommer.

Tina

Synonyme: Tena

Typ: Hausfeige

Bis zu 5 m hoch und 7 m breit können die Bäume dieser kalifornischen Feigenkreuzung werden. Die fünflappigen, zumeist tief eingeschnittenen Blätter sind jedoch selten länger als 15 cm. Im Juli bis August erscheint die Blühfeigen-Generation (Bild oben). Die gelben Früchte sind birnenförmig mit relativ langem Stiel und haben ein rosa- bis lachsfarbenes Fruchtfleisch. Ihr Gewicht beträgt etwa 50 g. Ab September erscheint die kleinere, etwa nur 40 g schwere Herbstfeige. Diese ist rundlicher und gelbgrün gefärbt. Deren Fruchtfleisch ist etwas kräftiger rot gefärbt als bei den Blühfeigen. Beide Generationen haben ein sehr intensives, feigentypisches Aroma und einen hohen Zuckergehalt.

'Tina' ist sehr wärmeliebend und kommt besonders gut mit trocken-heißen Sommern zurecht. Der hohe Zuckergehalt der Früchte machte sie besonders in den USA zu einer beliebten Trockenfeige. Doch zählt sie auch in Mitteleuropa zu den häufigsten grüngelben Feigen, die im Freiland kultiviert werden. Dazu beigetragen haben sicherlich ihre Frosttoleranz von bis zu −15 °C, das rasche Heranwachsen zu kräftigen Bäumen sowie das feine Aroma der zwar nicht sehr zahlreichen, aber umso delikateren Früchte.

Besonderheiten: Die Sorte 'Tina' (in Spanien 'Tena') wurde von der kalifornischen Botanikerin Ira Condit durch Kreuzung der türkischen Sorte 'Sari Lop' mit der 'Croisic'-Feige gezüchtet. Die 'Sari Lop'-Feige muss zur Bildung reifer Früchte von Gallwespen bestäubt werden, die 'Croisic'-Feige ist die einzige männliche Feige überhaupt, die essbares Fruchtfleisch ausbildet. Durch diese Kreuzung entstand dann eine parthenokarpe Hausfeige, die keine Bestäubung durch Feigengallwespen mehr benötigt.

White Genoa

Synonyme: Genoa

Typ: Hausfeige

Im Jahr 1768 wurde diese Feigensorte erstmalig von dem englischen Botaniker Philip Miller in *The Gardeners Dictionary* beschrieben. Sie bildet aufrecht wachsende, kräftige Bäume, die kaum zu Bodenschösslingen neigen. Auch im mitteleuropäischen Klima sind Exemplare von 4 m Höhe und Breite keine Seltenheit. Die Blätter sind fünflappig, mittelstark eingeschnitten und bis zu 20 cm lang.

Die Blühfeigen (Bild oben) reifen relativ spät, zumeist erst im August. Sie sind in vollreifem Zustand gelbgrün gefärbt und bis zu 80 g schwer. Das Fruchtfleisch ist hellrosa gefärbt und füllt nicht die ganze Feige aus, sodass ein Hohlraum entsteht. Die zweite Generation mit den weitaus zahlreicheren Herbstfeigen folgt fast nahtlos ab September und reift in manchen Jahren bis in den November hinein. Ihr Gewicht beträgt durchschnittlich 60 g. Die Form beider Feigengenerationen ist sehr ähnlich, eher rund als birnenförmig und mit kurzem, dicken Stiel. Die Früchte sind nicht allzu süß und sehr schnell verderblich. Daher sollten sie sofort nach der Ernte verarbeitet bzw. verzehrt werden.

Die Sorte 'White Genoa' gilt als gut frosttolerant, ist aber besonders in Topfkultur sehr anfällig gegen den Feigenmosaikvirus (FMV). Jüngere oder in kälteren Regionen ausgepflanzte Bäume bilden nur selten Blühfeigen.

Besonderheiten: Reife Früchte haben bei dieser Sorte ein sehr weit geöffnetes Ostiolum und locken daher besonders stark Insekten wie Wespen, Essigfliegen oder Waldschaben an. Da die Färbung der Feigen wenig über den Reifezustand aussagt, müssen Sie die Früchte vor der Ernte einzeln testen. Wie bei kaum einer anderen Hausfeige muss man 'White Genoa' genau auf den Punkt ernten. Sie schmeckt sonst entweder zu fade, fast grasig oder aber schon leicht vergoren. Zudem ist die Haut reifer Feigen bei dieser Varietät sehr dünn und wird bei der Ernte schnell verletzt. Wahrscheinlich hat man sie aufgrund dieser Eigenschaften wieder aus einem bereits 1883 in Kalifornien durchgeführten Zuchtprogramm herausgenommen. Damals wurden mehrere Feigensorten aus England importiert, um sie auf ihre kommerzielle Tauglichkeit zu prüfen.

White Marseille

Synonyme: Breva Santiago, Croisic, Lemon, Weiße Santiago, White Gillette, White Texas

Typ: männliche, essbare Blühfeige

Von den fast 100 bekannten Cultivaren rein männlicher Bäume bildet nur eine einzige Caprifeige, die Sorte 'White Marseille', ohne jegliche Hilfe der spezialisierten Feigengallwespe essbare Früchte. Diese werden auch persistente Feigen genannt. Deren kurzgriffelige Gallenblüten entwickeln sich zu saftigem Fruchtfleisch, während eine sehr viel geringere Anzahl männlicher Blüten am Ostiolum sitzend gleichzeitig Pollen produziert. Ihr Geschmack ist jedoch nicht allzu aromatisch. Er wird als wässrig fad bis süß mit leichtem Melonen- oder Bananenaroma beschrieben. Die mittelgroßen, gelbgrünen Feigen reifen sogar bei ausgepflanzten Bäumen bereits Anfang Juni, in den wär-

Ein außergewöhnliches Innenleben: Eine essbare männliche Fruchtfeige mit kurzgriffeligen Gallen, die gleichzeitig saftiges Fruchtfleisch und Pollen produziert.

meren Mittelmeerländern bereits im Mai. Daher wird sie in Italien oder Spanien ohne jeden weiteren Zusatz schlicht „Breva“ (die Frühe) genannt. Das Fruchtfleisch ist je nach Reifegrad fast weiß bis hin zu karamellfarben. Die reifen Feigen sind für ihre Größe verhältnismäßig leicht. Ursache dafür ist wohl das wässrige Innenleben mit relativ wenig festem Fruchfleischanteil.

'White Marseille' neigt zu schnellem, üppigem Wuchs in alle Richtungen, besonders jedoch in die Breite. Ohne Rückschnitt kann sich innerhalb von 4 bis 5 Jahren ein regelrechtes Feigenbollwerk von über 4 m Breite und 3 m Höhe entwickeln. Die Sorte ist bei Wahl des richtigen Standortes auch in Mitteleuropa als robust einzustufen. Die fünflappigen, auffällig gezackten Blätter verleihen dem Baum ein sehr ansprechendes, besonderes Flair.

● **Besonderheiten:** Vor dem Londoner Lambeth Palace steht ein riesiges Exemplar dieser außergewöhnlichen Feigensorte, das sich im Laufe der letzten Jahrhunderte über eine Fläche von bestimmt 50 m² ausgebreitet hat. Aus Süditalien mitgebracht und dann gepflanzt wurde der Ursprungsbaum bereits im 16. Jahrhundert vom damaligen Erzbischof von Canterbury, Kardinal Pole.
Diese persistente, männliche Feige wurde mehrfach in nicht-parthenokarpe Varietäten eingekreuzt, um dann neue essbare Feigensorten zu erhalten, die auch ohne Feigengallwespen reife Früchte bilden.

Wilde Punjab-Feige (*Ficus palmata* Forsk.)

Synonyme: Anjir, Bedu, Fagu, Khemri, Wild Fig (engl.)

Die Punjab-Feige ist eine Wildfeige, deren natürliches Verbreitungsgebiet vom Nordosten Afrikas, über Westasien bis nach Indien reicht. Dort ist sie in den Himalayaregionen bis in Höhen von über 1500 m anzutreffen. Die nördlichste Fundstelle Eurasiens liegt im Kaukasus. So unterschiedlich wie die Verbreitungsgebiete ist auch der Wuchs der Punjab-Feige. In kühleren Bergregionen ist sie oft nur als mannshoher Busch anzutreffen, entlang der Flüsse Pakistans und der Region Punjab sind Bäume mit 10 m Höhe und 60 cm Stammdicke jedoch keine Seltenheit. Deren Rinde ist hellgrau und glatt, junge Zweige sind hingegen filzig behaart. Die Blätter variieren von völlig ungelappt bis schwach dreilappig, bei einzelnen rein männlichen Bäumen auch fünflappig. Sie sind auf der Oberseite dunkelgrün, auf der filzigen Unterseite hellgrün gefärbt. Die Blattstiele und Endknospen sind zumeist schwach magentafarben. Besonders stecklingsvermehrte Jungpflanzen können zeitweise über 25 cm lange Blätter bekommen, mit zunehmendem Alter des Baumes werden diese aber immer kleiner, zumeist um die 15 cm lang und 12 cm breit.

Bezüglich ihres Blütentyps kommen Punjab-Feigen in drei Varianten vor: rein männliche Bäume mit nicht essbaren Bocksfeigen, weibliche Bäume, deren Feigen zu keiner Jahreszeit parthenokarp sind und schließlich weibliche Bäume, deren

Im Gegensatz zu den Herbstfeigen können die ab Juni erscheinenden Blühfeigen der Punjab-Feige mangels Bestäubung in Mitteleuropa nicht reifen.

Herbstfeigen parthenokarp und somit essbar sind. Deren Blühfeigen müssten wie bei den Wildformen der Echten Feige (*Ficus carica*) von der Feigengallwespe (*Blastophaga psenes*) bestäubt werden, um zu reifen. In ihrem natürlichen Verbreitungsgebiet werden bereits ab Mai erste Früchte geerntet. In Mitteleuropa fallen sie mangels Bestäubung jedoch unreif vom Baum. Die dunkelviolett bis schwarz gefärbten, leicht behaarten Herbstfeigen (Bild Seite 95) reifen hingegen auch in Mitteleuropa ab September zu essbaren Früchten heran. Diese sind mit 2–10 g zwar nicht besonders groß, aber von sehr fruchtig süßem Aroma. Ausgewachsene Bäume bringen in subtropischen Verbreitungsgebieten allerdings bis zu 25 kg reife Früchte im Jahr.

Manchmal haben Punjab-Feigen eine leicht adstringierende Wirkung, d. h. beim Verzehr entsteht ein Trockenheitsgefühl im Mund. Möchte man diesen Effekt vermeiden, können die frisch geernteten Früchte für etwa 15 Minuten in lauwarmes Wasser getaucht werden.

Besonderheiten: Während der Entstehung dieses Buches wurden in Mitteleuropa Punjab-Feigen aus drei Herkunftsländern kultiviert: Eine aus der Punjab-Provinz stammende Variante mit winzigen Früchten, deren völlig ungelappte Blätter eher an die von Kiwipflanzen erinnern, sowie aus Pakistan (*Ficus palmata* subsp. *virgata*) und dem Kaukasus stammende Wildfeigen mit schwach dreilappigen Blättern. Deren Früchte werden immerhin bis zu 10 g schwer. Bemerkenswert ist, dass die Früchte aller drei in unseren Breiten gereifter Herbstfeigen keimfähige Samen bilden! Das ist bei der Echten Feige (*Ficus carica*) ohne den komplizierten Bestäubungsvorgang durch Gallwespen nicht möglich. Somit hat *Ficus palmata* als einzige Feigenart auch in Mitteleuropa das Potenzial, sich ohne Hilfe des Menschen zu verbreiten. Allerdings macht für die Gartenkultur die vegetative Vermehrung parthenokarper Pflanzen mittels Stecklingen viel mehr Sinn, da bei der Aussaat wieder Sämlinge jedes Feigentyps entstehen. Diese bekommen frühestens nach 3 bis 4 Jahren Feigen. Erst dann ist festzustellen, welche der Pflanzen abermals essbare Früchte bilden.
Ficus carica und *F. palmata* stehen sich verwandtschaftlich sehr nahe und werden in ihrem natürlichen Verbreitungsgebiet beide von der Feigengallwespe *Blastophaga psenes* bestäubt. Überall dort, wo das Insekt vorkommt, sind Hybriden aus beiden Feigenarten möglich.

Diese Minifeigen sind bestens zum Trocknen geeignet.

Wilde Afghanische Feige (*Ficus johannis* Boiss.)

Synonyme: Afghanische Bergfeige, Johannisfeige, *Ficus persica*

Diese nur 1–3 m hoch werdenden Wildfeigenbäume kommen zwischen dem Kaspischen Meer und dem Persischen Golf, zum Teil in Höhenlagen bis 3000 m vor. Dort sind sie an das trockene Klima der Halbwüsten angepasst und wachsen manchmal sogar aus Rissen von Felswänden. Besonders wegen ihres bizarren, sehr unterschiedlich geformten Laubes und der Kältetoleranz fanden sie in den letzten Jahren auch den Weg in mitteleuropäische Gärten. Allerdings handelt es sich bei den unter diesem Namen im Handel angebotenen Pflanzen nicht nur um eine Art. Vielmehr sind es auch einige Unterarten (z. B. *Ficus johannis* subsp. *afghanistanica*, *Ficus geraniifolia*, *Ficus malvastrifolia*), wahrscheinlich sogar Hybriden aus verschiedenen Feigenarten, auch der Echten Feige (*Ficus carica*) und *F. johannis*. Etwa bei der populären 'Ice Crystal' handelt es sich vermutlich um solch eine Kreuzung. Je nach Varietät sind die Blätter der eher buschig wachsenden Wildformen 7–15 cm lang. Einige erinnern in ihrer Gestalt eher an Beerensträucher, andere haben extrem dünne, sehr tief eingeschnittene oder gezackte Blätter, deren Gesamterscheinungs-

bild den Vergleich mit einem Eiskristall provozieren. Bemerkenswert ist bei einigen Unterarten auch die Bildung massiver Wurzeln, die manchmal in keinem vernünftigen Verhältnis zu dem oberirdischen Teil der Pflanze stehen und somit eine Kultur im Topf erschweren.
Da alle Arten und Unterarten der Afghanischen Feige in Mitteleuropa keine reifen Feigen bilden, sind diese als reine Zierpflanzen anzusehen und sollten hier nur wegen des interessanten Laubes kultiviert werden. Einige Pflanzen bilden schon nach wenigen Jahren kleine, gelbe, sehr dekorative, jedoch ungenießbare Früchte.

Besonderheiten: Aus dem Iran importierte Trockenfrüchte dieser Wildarten werden bei uns im Handel manchmal in westasiatisch orientierten Feinkostläden, seltener in der Obst- und Gemüseabteilung des Supermarktes angeboten. Dort bezeichnet man sie zumeist als „Naschfeigen". Aufgrund ihrer geringeren Größe sind sie auch als Trockenfrüchte noch gut von den sehr viel öfter angebotenen Smyrna-Feigen aus der Türkei unterscheidbar. Aus deren keimfähigen Samen gedeihen Wildfeigen mit den unterschiedlichsten Blättern.

Aufgrund der Blattform wird diese Varietät von *F. johannis* unter dem Sortennamen 'Digitata' angeboten.

Feigenernte

Viele unserer heimischen Früchte sind dann reif, wenn sie eine bestimmte Farbe oder Größe erreicht haben. Deren Ernte bedarf keiner besonderen Vorkenntnisse. Bei Feigen ist das etwas komplizierter, nicht zuletzt, da der ideale Reifegrad bei einigen Sorten nur wenige Stunden andauert.

Wann sind Feigen reif?

Den idealen Erntezeitpunkt für reife Feigen zu ermitteln, erfordert ein wenig Fingerspitzengefühl und vielleicht sogar etwas Übung.

Einige Sorten haben ihre ideale Erntereife erreicht, sobald deren dünne Haut beginnt rissig zu werden. Besonders bei Varietäten, die sich von Grün in Violett oder Braun umfärben, kann man schon rein optisch einen gewissen Reifegrad ermitteln. Gelegentlich platzen reife Früchte am Baum so stark auf, dass sie regelrecht in der Mitte auseinanderreißen. Diese müssen sofort geerntet werden, da sie auf Insekten wie Essigfliegen, Wespen und Ameisen wie ein Magnet wirken. Komplizierter wird es bei den grün bleibenden Sorten. Sofern diese mit zunehmender Reife keine Risse bekommen oder das Ostiolum auffällig weit öffnen, bedarf es eines Drucktestes, um zu ermitteln, ob die Feige weich genug ist, um sie zu ernten. Zu früh geerntete Feigen können nicht nachreifen und bleiben ungenießbar. Ihr Geschmack wird als grasig bis leicht bitter beschrieben. Auch der Zuckergehalt lässt dann zumeist noch zu wünschen übrig.

Bei grün bleibenden Feigensorten ist der ideale Reifegrad nur über einen Drucktest zu ermitteln.

Aufgeplatzte Früchte müssen sofort geerntet werden, um sie vor dem Verderb zu bewahren.

Beim Pflücken besonders dünnhäutiger Feigen muss beachtet werden, dass diese nicht verletzt werden. Sehr kurz gestielte Früchte erschweren hier das Ernten besonders. Professionelle Feigenbauer tragen daher oftmals Handschuhe aus feinem Stoff.

Vorsicht Feigenmilch!

Ähnlich wie bei Wolfsmilchgewächsen (Euphorbiaceae) tritt auch bei Feigenbäumen ein klebriger Milchsaft aus, sobald sie verletzt werden. Da dieser hautreizend wirkt, sollte besonders beim Rückschnitt, dem Entfernen von Blättern oder einer ausgedehnten Feigenernte entsprechende Schutzbekleidung nicht fehlen. Personen mit Latexallergie sollten jegliche Berührung der weißen Flüssigkeit mit der Haut vermeiden. Aber auch schon der Kontakt mit Feigenblättern kann zu Juckreiz und Rötung der Haut führen. Aufgrund der fototoxischen Reaktion werden diese umso stärker, je länger die betroffenen Hautstellen dem direkten Sonnenlicht ausgesetzt waren. Paradoxerweise dienen Feigenblätter in einigen Ländern der Mittelmeerregion als altes Hausmittel, indem man mit ihnen Hautverletzungen zur schnelleren Heilung verbindet.

Feigenbäume enthalten einen milchig weißen Latexsaft, den man daher oft auch als Feigenmilch bezeichnet.

Verarbeitung reifer Früchte

Der Wunsch nach einer ganzjährigen Verfügbarkeit leckerer Feigenfrüchte ist leicht nachvollziehbar. Einer der größten Nachteile bei Fruchtfeigen ist jedoch deren schnelle Verderblichkeit. Sie sind je nach Sorte auch bei Kühlung nur wenige Tage bei maximalem Reifegrad sogar nur wenige Stunden lagerfähig. Daher müssen sie nach der Ernte möglichst schnell verarbeitet, konserviert – oder im Idealfall – gleich verzehrt werden.

Im Handel werden bei uns deshalb überwiegend getrocknete Feigen und Lebensmittel, in denen diese verarbeitet sind (Müsli, Feigenbrot, Feigensalami, Früchtewürfel) angeboten. Frische Importfeigen sind oft sehr dickschalig, wenig aromatisch und haben nur selten den idealen Reifegrad. Weiter kommen Feigen oder deren Bestandteile in Konfitüren, Likören, Senf, Gebäck, aber auch in Pflegeprodukten sowie verdauungsfördernden Medikamenten oder Fleischzartmachern vor.

Nachfolgend werden einige grundlegende Methoden der Feigenverarbeitung näher vorgestellt.

Getrocknete Feigen

Die gängigste Methode der Feigenkonservierung ist das Trocknen. Dazu eignen sich allerdings nicht alle Feigensorten gleich gut. Im Hauptanbauland Türkei werden fast ausschließlich die gelbgrünen Smyrna-Feigen zur Herstellung von Trockenfrüchten verwendet. Da sie im Gegensatz zu den selbstfruchtenden Hausfeigensorten noch auf traditionelle Weise per Kaprifikation von Feigengallwespen befruchtet werden und sich in ihrem Inneren viele keimfähige Samen bilden, verfügen diese in getrockneter Form über ein besseres, leicht nussiges Aroma. Doch Vorsicht: Im Inneren getrockneter Feigen können sich auch gesundheitsschädliche Schimmelpilzgifte (Aflatoxine) anreichern. Bevor Trockenfeigen aus der Türkei in den Handel gelangen, werden sie deshalb in einem aufwendigen Verfahren unter speziellem UV-Licht nach solchen Pilzen abgesucht. In den kühleren Regionen Europas ist das Trocknen von Feigen mithilfe des Sonnenlichtes nur in Ausnahmefällen von Erfolg gekrönt. Die sichere Methode ist hier ein handelsüblicher Dörrautomat, in welchem die Feigen bei rund 40 °C schonend trocknen. Durch die Verdunstung des Wassers steigt der Zuckergehalt in der Feige dann von etwa 15 % auf über 50 % an, was die konservierende Wirkung verursacht. Als Regel gilt hier: Je kleiner und süßer die frisch geerntete Feige ist, desto besser eignet sie sich für den Dörrautomaten. Kleinere Sorten wie 'Negronne', 'Ronde de Bordeaux' oder die Wildfeige *Ficus palmata* bewähren sich hier besonders gut.

Einfrieren

Natürlich ist es erst einmal ein sehr bequemer Weg, frisch geerntete Feigen in der –18 °C kalten Gefriertruhe zu lagern, ehe man eine Idee zur Weiterverarbeitung hat. Dabei sollte man aber bedenken, dass die Feigenfrüchte nach dem Auftauen zu einer breiigen Fruchtmasse zerfallen und somit nicht mehr für die Zubereitung vieler Feigenrezepte mit ganzen Früchten als Grundlage verwendbar sind. Bei der anschließenden Weiterverarbeitung zu Konfitüren, Soßen oder Sorbets ist das jedoch kein Problem.

Die älteste Methode der Feigenkonservierung ist das Trocknen. Das funktioniert bei uns am besten mit dem Dörrautomat.

Feigen auf dem Weg zur Marmelade.

Einkochen

Eine Methode des Konservierens, bei der die Feigenfrucht ihre Konsistenz weitgehend erhält, ist das altbewährte Einkochen. In sterilen Einweckgläsern werden Feigen mit Zucker und so viel Wasser, dass sie damit bedeckt sind, im Einweckautomat bei 80–100 °C eingekocht.

Feigensirup

Wer ein lange haltbares Konzentrat von Feigen möchte, kann diese ganz einfach zu Sirup verarbeiten. Ein Kilogramm geschälte Feigen wird zusammen mit 500 g Zucker und 1 l Wasser unter Rühren etwa 20 bis 30 Minuten gekocht. Den fertigen Sirup füllt man dann durch ein Sieb in sterile Flaschen ab und stellt ihn möglichst kühl und dunkel. Er eignet sich dann bei Bedarf hervorragend als Zutat von Cocktails oder zur Herstellung von Speiseeis.

Bei der entsprechenden Zugabe von Alkohol und Wasser wird daraus dann Feigenlikör. Für 1 l Likör brauchen Sie: 400 ml Sirup, 100 ml Wasser, mit 500 ml Korn oder Vodka mischen.

Da die keimlosen Feigensamen unserer Hausfeigen aufschwimmen, sammeln sich diese fast alle im Flaschenhals und führen trotz sorgfältiger Sterilisation manchmal zur Schimmelbildung. Daher sollte bereits vor dem

Kochen ein möglichst feines Sieb oder Tuch eingesetzt werden, um die Samen vollständig zu entfernen.

Feigen in Milchspeisen

Werden frische Feigen in Speisen verarbeitet, die Milchprodukte enthalten, müssen diese möglichst sofort nach der Zubereitung verzehrt werden. Feigen enthalten ein eiweißspaltendes Enzym, das Ficin. Es zerlegt das Milcheiweiß in neue Bausteine, die einen bitteren Geschmack erzeugen. Diesen Effekt kennt man auch bei Kiwifrüchten.

Feigen in der Medizin

Feigen werden schon seit dem Altertum aufgrund ihres hohen Nährwertes, aber auch wegen ihrer medizinisch einsetzbaren Eigenschaften sehr geschätzt. Ein Inhaltsstoff, das Ficin, ist ein proteinauflösendes Enzym, das für die verdauungsfördernde Wirkung verantwortlich ist. In einigen Medikamenten wird Ficin auch als Wirkstoff gegen Darmparasiten eingesetzt.
Neuere Studien befassen sich mit der in Feigen enthaltenden Latexflüssigkeit FFL (fig fruit latex). Sie enthält erhebliche Mengen an Polyphenol-Verbindungen. Diese sind beim Verzehr als Quelle für Antioxidanzien anzusehen und werden sogar mit der Zellzyklushemmung von Krebszellen in Verbindung gebracht.
Feigen sind ebenfalls für ihren hohen Kaliumgehalt bekannt. Kalium ist förderlich für den Wasser- und Salzhaushalt des Körpers und somit für die Reizübertragung an Muskelzellen.

Rezepte

Knusprige Feigenchips

Zubereitungszeit: 30–40 Minuten, Trockenzeit im Backofen: 4–6 Stunden

Für 1 Backblech

- 500 g frische Feigen (nicht zu weich, vorzugsweise kompakte Sorten ohne Hohlraum im Fruchtfleisch)
- 2–3 g Salz

Die Feigen mit einem möglichst scharfen Messer von der Ostiolum-Seite beginnend in hauchdünne, maximal 2 mm dicke Scheiben schneiden und vorsichtig nebeneinander auf ein mit Backpapier ausgelegtes Backblech legen. Die erste sowie die letzte Scheibe mit dem Stielende werden nicht verwendet. Jetzt müssen die Feigenscheiben bei 70–80 °C mit Umluft etwa 4 bis 6 Stunden trocknen. Pro Stunde sollte einmal kurz der Backofen geöffnet werden, damit die Feuchtigkeit besser entweichen kann. Nach dem Trocknen das Backblech herausnehmen und die Feigenchips abkühlen lassen. Jetzt können sie vorsichtig vom Backpapier gelöst und mit etwas Salz gewürzt werden. Bei längerer Aufbewahrung sollten sie unbedingt in ein luftdichtes Behältnis gefüllt werden, da sie sonst die Luftfeuchtigkeit aufnehmen und schnell ihren knusprigen Chips-Charakter verlieren.

Gut getrocknet hält besser

Feigen-Chips enthalten noch weniger Wasser als Feigenfrüchte, die im Ganzen getrocknet werden. Ein gefährlicher Schimmelbefall ist somit noch viel unwahrscheinlicher.

Feigen-Mozzarella-Salat

Zubereitungszeit: 10–15 Minuten

Für 3–4 Portionen

- 500 g frische Feigen (nicht zu weich)
- 2 Mozzarellakugeln (à 125 g)
- 1 kleiner Bund Basilikum
- 2–3 EL Olivenöl
- 2 EL Aceto Balsamico
- Salz, Pfeffer

Die Feigen waschen und eventuelle Stielreste abschneiden. Zwei Feigen in dünne Scheiben, den Rest der Feigen in kleine Würfel schneiden. Ebenso je eine Mozzarellakugel in Scheiben schneiden und eine würfeln. Das Basilikum von den Stielen zupfen und grob schneiden.

Nun werden die gewürfelten Feigen und der Mozzarella in einer Schüssel mit Basilikum, Öl, Aceto Balsamico, Salz und Pfeffer vermischt und eine halbe Stunde ziehen gelassen.

Die Feigen- und Mozzarellascheiben abwechselnd auf einem mittelgroßen Tellerrand anrichten und den fertigen Salat in die Tellermitte geben.

Für feste Feigen

Dieses Rezept eignet sich besonders gut für späte Feigensorten, die im Herbst mangels Sonne nicht mehr ganz so süß ausreifen und beim „Drucktest“ noch etwas fest sind.

Frittierte Feigen

Zubereitungszeit: 15 Minuten

Für 2–3 Portionen

- 6–8 Feigen (nicht zu groß)
- 4 EL Stärkemehl
- 4 EL Weizenmehl
- 1 EL Ajvar (Paprikamus)
- 3–4 Walnusskerne
- Thymian
- Rosmarin
- 1 Prise Salz
- Frittieröl

Die Feigen waschen und anschließend mit Küchenpapier vorsichtig trockentupfen. Das Stärke- und Weizenmehl in einer Schüssel mischen und mit etwas Wasser und dem Ajvar zu einem dickflüssigen Brei verrühren. Die Walnusskerne im Mörser fein zerdrücken und in die Masse einrühren. Jetzt wird noch mit Thymian, Rosmarin und Salz gewürzt. Die Feigen in die Masse eintauchen und 3 bis 5 Minuten in heißem Öl frittieren. Nach dem herausnehmen kurz abtropfen lassen.

Gegrillte Feigen

Zubereitungszeit: ca. 10 Minuten

Für 4 Portionen

- 8 frische Feigen (nicht zu weich)
- 12 Scheiben Speck
- 2 EL Aceto Balsamico
- 2 EL Olivenöl
- schwarzer Pfeffer (frisch gemahlen)
- Parmesankäse

Die frischen Feigen vom Stiel abwärts mit einem scharfen Messer so vierteln, dass die Einzelteile noch zusammenhängen. Diese Feigensterne gleichzeitig mit den Speckscheiben vorsichtig 3 bis 5 Minuten auf den heißen Grill legen, bis sie beginnen zu karamellisieren.

Alles zusammen auf einen Teller anrichten und nach Belieben mit etwas Olivenöl und Aceto Balsamico übergießen. Zum Schluss mit reichlich Parmesankäse und etwas frisch gemahlenem, schwarzen Pfeffer würzen.

Alternative

Gegrillte Feigen sind eine willkommene Vorspeise für Grillabende. Wird kein Grill „angeheizt“, tut es zur Not natürlich auch Pfanne und Herdplatte.

Feigen-Ziegenkäsemedaillons

Zubereitungszeit: ca. 20 Minuten

Für 4 Portionen

- 4 frische Feigen (möglichst groß)
- 1 Rolle Ziegenfrischkäse (150 g)
- 2–3 EL Sesamkörner
- 2 EL Ahornsirup
- 10–15 Blätter Echte Pfefferminze
- 1 TL Honig

Den Backofen auf 120 °C vorheizen. Die Feigen horizontal in je 3 bis 4 Scheiben je Frucht zerteilen und auf ein mit Backpapier ausgelegtes Backblech legen.

Die Ziegenfrischkäserolle in 8–10 mm dicke Scheiben schneiden, ebenfalls auf dem Backblech verteilen und für 5 bis 10 Minuten im Backofen erhitzen. In der Zwischenzeit die Sesamkörner in der Pfanne etwas anrösten und mit dem Ahornsirup karamellisieren.

Die Minzeblätter fein schneiden. Die warmen Feigen und den Ziegenfrischkäse aus dem Backofen nehmen. Das Bodenteil jeder Feige nun mit etwas Sesammasse bestreichen und gehackte Minze daraufgeben, je eine Scheibe Feigenfrischkäse darauflegen, diese wiederum mit Sesammasse bestreichen, etwas gehackte Minze daraufgeben und so weiter, bis die Feigen wieder komplett zusammengesetzt sind. Die fertigen Medaillons gegebenenfalls noch einmal kurz in den Backofen geben, da sie warm serviert werden müssen. Unmittelbar vor dem Servieren jede Feige mit ein paar Tropfen Honig beträufeln.

Süßer Feigensenf

Zubereitungszeit: ca. 10 Minuten

Für 4 Gläser (200 ml)

- 500 g frische Feigen (geschält)
- 50 ml Rotwein
- 500 g Gelierzucker (2 : 1)
- 200 g mittelscharfer Senf

Die Stiele der frischen Feigen entfernen. Bei Sorten mit dicker Schale nur das Fruchtfleisch verwenden und zusammen mit dem Rotwein mit dem Stabmixer pürieren. Die Fruchtmasse in einen Topf füllen und unter Rühren bei mittlerer Hitze den Gelierzucker einrühren. Das ganze lässt man dann unter ständigem Rühren 5 bis 10 Minuten köcheln. Zum Schluss den Senf dazugeben und noch einmal kurz aufkochen. Den heißen Feigensenf sofort in sterile Gläser füllen und verschließen.

Bayerisch

Weißwürste werden traditionell mit süßem Senf genossen. Feigensenf ist daher geradezu ideal für dieses typisch bayerische Nationalgericht geeignet.

Feigensorbet „Provence“

Zubereitungszeit: ca. 30 Minuten (+ 30 Min. Eismaschine)

Für 4–6 Portionen

- 700 g frische, geschälte Feigen (möglichst vollreif)
- 150–200 g Zucker
- 250 ml Wasser
- 2 EL Zitronensaft
- 2 TL Lavendelhonig

Zwei Feigen beiseite legen. Die restlichen Feigen schälen oder wenn sie vollreif sind Fruchtfleisch auslöffeln. Zusammen mit dem Zucker, dem Wasser und dem Zitronensaft bei mittlerer Hitze unter Rühren 10 bis 15 Minuten zu einem Sirup einkochen. Den fertigen Sirup durch ein feinmaschiges Küchensieb geben, um eventuell übrige Frucht- oder Schalenstücke herauszusieben. Den gut abgekühlten Sirup dann in die Eismaschine geben. Nach etwa 20 Minuten den Lavendelhonig gleichmäßig dazugeben und weitere 10 Minuten in der Eismaschine cremig schlagen. Das fertige Feigensorbet in Kugelform oder in einem Portionsglas servieren und mit geviertelten Feigen garnieren.

Delikate Feigenkonfitüre

Zubereitungszeit: ca. 30 Minuten

Für 6 Gläser (200 ml)

- 1 kg geschälte oder dünnschalige Feigen (möglichst süße Sorte)
- 100 ml Wasser
- 500 g Gelierzucker (2 : 1)
- 1 EL Zimt
- 50 ml Zitronensaft
- 20 g frischer Ingwer

Die geschälten oder dünnschaligen Feigen ohne Stiel in einen Topf geben, mit dem Stabmixer pürieren und das Wasser hinzufügen. Das Ganze zum Kochen bringen. Gelierzucker, Zimt und Zitronensaft dazugeben. Jetzt noch den frischen Ingwer hineinraspeln und unter Rühren weitere 15 Minuten kochen lassen. Die heiße Konfitüre in sterile Gläser füllen und sofort verschließen.

Die richtige Feigensorte

Nicht alle Feigensorten eignen sich gleich gut für Konfitüren. Einige Varietäten haben einen leicht „medizinischen Beigeschmack“, wenn zu viel Schale mitgekocht wird. Sehr süße Sorten mit wenig Schalenanteil wie ‘Ronde de Bordeaux’, die ‘Mussega’-Feige oder ‘Negronne’ ergeben besonders aromatische Konfitüren. Bei Sorten wie ‘Lussheim’ oder ‘White Genoa’ sollte nur das Fruchtfleisch verwandt werden.

Scharfe Feigensauce

Zubereitungszeit: ca. 30 Minuten

Für 4 Portionen

- 500 g frische Feigen
- 1 Zwiebel
- 1–2 frische Chilischoten (je nach Schärfe)
- 1 EL Öl
- 1 EL Ahornsirup
- 2 EL Portwein
- 200 ml Orangensaft
- 1 TL Paprikapulver (edelsüß)
- Salz, Pfeffer

Die Feigen und die Zwiebel schälen und in kleine Würfel schneiden. Den Chili aufschneiden, die Kerne entfernen und den Rest fein zerkleinern (Handschuhe!). Das Öl in einer Kasserolle erhitzen und Zwiebeln darin glasieren. Die geschälten und gewürfelten Feigen sowie den Chili dazugeben und mit Ahornsirup karamellisieren. Mit dem Portwein ablöschen und den Orangensaft dazugeben. Nach kurzem Aufkochen das Ganze mit dem Stabmixer fein pürieren. Abschließend Paprikapulver einrühren und mit Salz und Pfeffer abschmecken. Die scharfe Feigensauce passt sehr gut zu gebratener Hähnchen- oder Putenbrust.

Feigentarte

Zubereitungszeit: ca. 30 Minuten

Für 4–6 Portionen (Tarteform ø 26 cm)

Für den Boden (Knetteig):

- 150 g Mehl
- 100 g Butter
- 2 schwach gehäufte EL Zucker
- 1/2 Vanilleschote
- 1/2 Bio-Zitrone (Schale)
- 1 Prise Salz

Für den Belag:

- 6–8 frische Feigen
- 100 g Frischkäse
- 1 Ei
- 1 EL Zucker
- 1 EL Stärkemehl
- 1 EL Olivenöl
- 2 EL Milch
- 1 Prise Salz
- 2 EL brauner Zucker

Die Zutaten für den Boden in eine Schüssel geben und mit dem Mixer (Knethaken) zunächst auf niedrigster, dann auf höchster Stufe zu Teig verarbeiten. Den Teig dann zu einer Kugel geformt mindestens 30 Minuten kaltstellen. Danach den Teig dünn ausrollen, in der Tarteform auslegen und bei 180 °C im vorgeheizten Backofen 10 Minuten vorbacken.

In der Zwischenzeit die Zutaten für den Belag (außer Feigen und braunem Zucker) mit dem Mixer cremig rühren. Rührmasse auf vorgebackenem Knetteig verteilen und in Scheiben geschnittene Feigen gleichmäßig darauf verteilen. Die Tarte bei 180 °C weitere 20 Minuten backen und kurz vor Ende der Backzeit den braunen Zucker auf der Tarteoberfläche verstreuen. Die Tarte erst aus dem Ofen nehmen, wenn der braune Zucker etwas karamellisiert ist.

Feigenessig

Zubereitungszeit: ca. 10 Minuten (Reifezeit 2–3 Wochen)

Für ca. 500 ml Essig

- 6–10 Feigen (bevorzugt kleinere aber sehr aromatische Sorten)
- 500 ml weißer Balsamico oder milder Apfelessig
- 4–6 ganze, schwarze Pfefferkörner

Die möglichst vollreifen Feigen vierteln und in ein steriles, verschließbares Glasbehältnis geben. Mit Essig auffüllen, bis etwa 3–4 cm unter den Behältnisrand und verschließen. Das Ganze etwa 2–3 Wochen an einen dunklen, kühlen Ort stellen. Während der Reifezeit einmal pro Tag kurz aufschütteln sowie den Deckel öffnen und wieder verschließen.

Den gereiften Feigenessig zunächst durch ein feines Sieb , dann durch einen Filter geben, um auch die Schwebstoffe zu beseitigen. In saubere, verschließbare Flasche abfüllen. Korkverschlüsse eignen sich besonders gut.

Feigenessig passt ausgesprochen gut zu orientalischen Gerichten, schmeckt aber auch zu traditionellen mitteleuropäischen Salaten wie etwa Feldsalat. Dips und Mayonnaisen verleiht Feigenessig eine feine süßliche Note.

Service

Wo kann man in Mitteleuropa alte Feigenbäume bestaunen? Wer züchtet und verkauft geeignete Feigenbäume nach Sorten? Welche weiterführende Literatur gibt es zu Feigen?
Gibt es hierzulande einen Markt für die geernteten Früchte? Nachfolgende Adressen können bei diesen Fragen hilfreich sein.

Sehenswerte, alte Feigenbaumbestände

D-67146 Deidesheim (Rheinland-Pfalz): Die südpfälzische Stadt Deidesheim ist berühmt für ihre „Feigengasse“ mit vielen Feigenbäumen. Wer sie per Navigation sucht, muss aber „Deichelgasse“ eingeben, denn so lautet ihr amtlicher Name.

D-67147 Forst an der Weinstraße (Rheinland-Pfalz): Ein sehr beschauliches Winzerdorf an der pfälzischen Weinstraße mit rund 800 Einwohnern. Im historischen Ortskern stehen viele Feigenbüsche und einige erstaunlich große Feigenbäume. Zusammen mit den Weinreben schaffen sie ein einmaliges, beinahe mediterranes Ambiente.

D-76593 Gernsbach: Von April bis Oktober kann man bei freiem Eintritt den Barock- und Skulpturengarten „Katz'scher Garten“ in der Bleichstraße Nr. 9 besuchen. Direkt an der Murg gelegen, kann man in dem kleinen aber feinen Garten neben vielen exotischen Gehölzen auch besondere Feigenbäume bestaunen.

F-67000 Straßburg: Der Botanische Garten der Universität Straßburg in der Rue de Goethe 28 zeigt in seinem Arboretum neben der Echten Feige interessante und schon beachtlich große Exemplare besonderer Wildfeigenarten, die man in Mittel- und Westeuropa sonst nur aus den Büchern kennt.

Bezugsquellen und Feigenbaumschulen

Deutschland: Feigen-Webshop, Feigenbäume per Paket aus eigener Kultur (Feigenbaumschule Seiler): www.pflanzenseiler.de
Frankreich: Pépinières Baud, 910 chemin du Parot, Le Palis, F-84110 Vaison la Romaine
Österreich: Bio Feigenhof, Am Himmelreich 325, 1110 Wien, www.feigenhof.at
Schweiz: Mercato Verde, www.mercato-verde.ch

Feigenliteratur

Baud, Pierre (2005): Figues. Éditions Target, 84110 Vaison la Romaine (Frankreich).
Baud, Pierre (2008): Le Figuier Pas à Pas. Édisud, 13100 Aix-En-Provence (Frankreich).
Pierre Baud gilt in Fachkreisen als Feigenpapst Europas. Schon sein Vater hat 1954 in der französischen Provence die Feigenbaumschule Baud gegründet. Dort werden bis heute besondere Sorten vermehrt.

Bauwens, Peter (2008): Figues de tous pays. Édisud, 13210 Saint-Remy-de-Provence (Frankreich).
Ein reich bebildertes Feigenbuch, das nicht nur informativ ist, sondern regelrecht Lust auf die Kultur und den Genuss der sinnlichen Frucht macht.

Biggs, Steven (2012): Grow Figs where you think you can't. Eigenverlag „Grow-Figs.com" (Kanada).
Steven Biggs hat auf 60 Seiten dargestellt, wie man mit einfachen Hilfsmitteln sogar in Kanada, also einem Land, in dem man eigentlich niemals auf die Idee kommen sollte Feigenbäume zu kultivieren, reife Früchte ernten kann.

Feigenbörse

In Rheinland-Pfalz kann man seine Feigenernte auf dem online-Portal „Pfälzer Feigenbörse" täglich zum Verkauf anbieten oder selbst Früchte erwerben.
www.pfalz.de/feigenboerse

Bildnachweis

mauritius images: Seite 8, 15
Alle übrigen Bilder und Zeichnungen stammen vom Autor.

Register

Die in diesem Buch enthaltenen Empfehlungen und Angaben sind vom Autor mit größter Sorgfalt zusammengestellt und geprüft worden. Eine Garantie für die Richtigkeit der Angaben kann aber nicht gegeben werden. Autor und Verlag übernehmen keinerlei Haftung für Schäden und Unfälle.

Bibliografische Information der Deutschen Nationalbibliothek
Die Deutsche Nationalbibliothek verzeichnet diese Publikation in der Deutschen Nationalbibliografie; detaillierte bibliografische Daten sind im Internet über http://dnb.d-nb.de abrufbar.

Wollgrasweg 41, 70599 Stuttgart (Hohenheim)
E-Mail: info@ulmer.de
Internet: www.ulmer-verlag.de
Lektorat: Sabine Drobik, Doris Kowalzik
Herstellung: Silke Reuter
Umschlagentwurf: Anna Schwan
Satz: r+p medien, Stuttgart
Reproduktion: timeRay visualisierungen, Herrenberg
Druck und Bindung: Firmengruppe APPL, aprinta Druck, Wemding
Printed in Germany

ISBN 978-3-8001-0809-1

Hier können Sie weiterlesen:

- Detaillierte Garten-, Küchen- und Heilinformationen zu über 170 Küchen- und Wildkräutern
- Mit leckere Rezeptideen
- Küchen- und Wildkräuter in Töpfen für Balkon und Terrasse

Rudi Beiser hat für dieses Buch sein Wissen über Küchenkräuter, Heilpflanzen und Wildkräuter zusammengetragen. Detailreiche Kräuterporträts beleuchten die gärtnerische, kulinarische und heilende Nutzung sowie das Kräuterbrauchtum unserer Vorfahren. Vom Kräutergarten anlegen bis zum Kräuter überwintern finden Sie alles, was Sie zu Sonne, Erde, Dünger, Wasser, zum Vermehren und gesund erhalten Ihrer Kräuter wissen sollten. Kräuter für die Küche: zum richtigen Zeitpunkt Kräuter ernten, trocknen, einfrieren oder gleich frisch die leckeren Kräuterrezepte ausprobieren.

Kräuterglück. Genussvoll gärtnern mit Küchen- und Wildkräutern. Rudi Beiser. 2015. 288 Seiten, 270 Farbfotos, geb. ISBN 978-3-8001-7522-2.

Ganz nah dran. Ulmer